韩大洋　著

太阳不完全使用手册

——探索太阳的过去、现在和未来

图书在版编目（CIP）数据

太阳不完全使用手册：探索太阳的过去、现在和未来 / 韩大洋著. -- 北京：气象出版社，2023.3

ISBN 978-7-5029-7648-4

Ⅰ. ①太… Ⅱ. ①韩… Ⅲ. ①太阳—青少年读物 Ⅳ. ①P182-49

中国版本图书馆CIP数据核字(2022)第016792号

太阳不完全使用手册——探索太阳的过去、现在和未来

出版发行：气象出版社
地　　址：北京市海淀区中关村南大街46号　　邮政编码：100081
电　　话：010-68407112（总编室）　010-68408042（发行部）
网　　址：http://www.qxcbs.com　　E-mail：qxcbs@cma.gov.cn
责任编辑：邵　华　王鸿雁　　终　　审：吴晓鹏
责任校对：张硕杰　　责任技编：赵相宁
设　　计：北京追韵文化发展有限公司
印　　刷：北京地大彩印有限公司
开　　本：889mm×1194mm 1/32　　印　　张：5.5
字　　数：90千字
版　　次：2023年3月第1版　　印　　次：2023年3月第1次印刷
定　　价：68.00元

序

我和大洋虽然是同事，但却是先看到他的作品，后看到他本人——他在“空间天气”“风云卫星”等公众号上经常发表非常精彩的科普作品，我也听到不少人说“你们单位的韩大洋科普做得很好”。

个人觉得，大洋做的科普，不仅做到了科学性和普及性，更重要的是能将科学的趣味性自然地表现出来。

科学是自然规律的体现，自然是有趣的，科学当然也应该有趣。但是，由于科学研究过程本身存在严谨的范式，由此产出的科学知识很难不带上这些范式的特点而损失了不少趣味性。

如何把这些趣味性发掘和阐释出来，对科普工作者是一个比较大的考验。

大洋本身就是一个有趣的人，并且他经受过的严谨的科学训练似乎并没有消减他的有趣，相反，还让他的有趣变得有科学内涵。

大洋的新作《太阳不完全使用手册——探索太阳的过去、现在和未来》讲述了有趣的科学，也充分展现出科学的有趣。

既然是“使用”太阳的手册，自然就着重于人类与太阳的关系。太阳通过它的引力、光和热，把控着地球的命运以及地球上生命的命运。在进入太空时代后，太阳对人类影响的深度和广度发生了质的变化。太阳爆发不再是一个简单的天文现象，它喷发出的巨大能量和物质，可以系统性地攻击人类高技术系统，对航天、航空、导航、通信乃至长距离输电和油气管网产生灾难性的影响，并进而导致依赖这些基础设施的人类经济、生活、军事等活动遭受令人难以想象的损失。所有这些内容，被纳入了一门叫“空间天气”的崭新学科的研究范畴之中；而应对这些影响的活动，已经形成了一种全新的业务类型——空间天气监测预警业务。

事实上，中国气象局除开展地球天气预报之外，于 2002 年成立了国家空间天气监测预警中心，正式开展空间天气业务，为大众及各方用户监测和预报太阳风暴并提供防范建议。大洋作为该中心的业务人员之一，对太阳和空间天气的理解，自然也增加了其他科技人员少有的实战经验。

这本《太阳不完全使用手册——探索太阳的过去、现在和未来》，就是通过一种有趣的方式，对太阳、太阳爆发产生的空间天气影响、人类应对空间天气灾害的努力等进行了介绍。

作为太空时代的人，我们确实应该看看类似的手册。

谨为序。

国家卫星气象中心（国家空间天气监测预警中心）主任
中国科普作家协会副理事长

目录

午后、你家楼下、太阳系

我拿起一颗产自云南大理宾川的葡萄，左右一番端详，感叹它的色泽与质感并开始遐想它的美味时，脑海里突然出现了一个场景，如果我手中拿的不是一颗葡萄而是我们的地球（直径 12 742 千米），那整个太阳系会变成什么样子呢？

顺着手中的葡萄微微向前移动视线大概 30 厘米，这个距离差不多是单反相机加装 50 毫米定焦镜头在 2.8 光圈时完成 3 米外目标对焦距离时的景深，和一张 A4 打印纸一样长，在这张 A4 纸的另一端粘着一颗绿豆，定睛细看，这颗绿豆正围着我刚才要吃掉的葡萄旋转着呢。津津有味地看了一阵子，突然一拍大腿反应过来，这哪是什么绿豆！不就是地球的那颗天然卫星月亮（直径 3476.28 千米）嘛！因为潮汐锁定效应，月球自转一周和它围着地球绕一圈的时间相同，也就是一直只以一面朝向地球。想到这里我忍不住站起来绕过绿豆走到另一侧，要看一看绿豆背面的样子，果然，也是绿豆样。

地球在我手里，月球浮在眼前，那，会不会那家伙就在附近呢？

突然一阵激动！赶忙换上鞋，开门下楼，一路跑到了大街上，环顾四周，什么也没有呀！

莫非一个个的都躲起来了？

找！

我沿着扇面开始了地毯式的搜索，终于，向南走了大约 60 米的距离之后，在一棵忍冬的枝叶间发现了一颗暗红色的果实，与其他果实不同的是，除了颜色，这颗圆圆的小果子上泛着一层光晕，如同雨夜中的霓虹灯一般。

想必你就是火星（直径 6794 千米）了，地球的近邻，红色沙尘肆虐的星球。看来我要找的它并不在这个方向，于是，果断掉头，向北一路寻来。

在回到开始位置后继续向北走，大约 30 米的地方，一颗金黄色的小枣子掉落在我跟前，拿在手里能感到它在轻轻地震动，放到耳朵边上，隐隐传来滚滚雷声，在浓密的以二氧化碳为主的大气层的笼罩下，闪电一点儿露头的机会都没有，这应该是金星（直径 12 103.6 千米）了，和地球的尺寸差不多，只是距离那家伙更近一些，环境非常恶劣。

这个搜寻方向果然没错，于是我加快了脚步。

继续向北走了差不多半个足球场的长度，这时，无论我怎样仔细地搜寻也是一无所获，奇怪！按照它们几个之间的位置关系等比例找到的位置区域，这里应该出现一颗和玩具子弹差不多大的小球才对（水星，直径 4878 千米）。在四周寻找了一会儿仍然没有结果，算了，马上就要见到那家伙的真面目了，继续前进吧！

“1, 2, 3, …”心里默数着步子，腿上加快了速度，“…，42，43，44，45，立定！”到达，停下，可是眼前并没有出现我所期待的那家伙，难道计算有误？以我小步慢跑大约 1 米的步幅，45 步则相当于移动了 45 米，再加上花费在水星和金星路上走过的 45 米和 30 米，总数大约 120 米，刚好对应地球到那家伙的距离（等比例对应 1.5 亿千米），奇怪奇怪真奇怪，它怎么还不现身呢？！就在我搜寻无果百思不得其解的时候，下意识地用手摸了摸后脑勺，就这么一歪头的工夫，余光瞟到头顶上隐约飘着个红红的东西，抬头一看，原来是个大气球！直径足有 1 米多，上面布满光斑和深浅不一的条带，它们如同富有生命一般在不停地翻滚移动。

啊！没错！找的就是你，这就是太阳（直径 1 392 000 千米）了，我们这个星系的霸主，这里的所有行星都围绕着你做规律的运动，而你也为所有星体包括地球上的一切生命提供了无限能源，太阳啊！想不到你就在我家门口不远的地方！

在这普通的午后，吃着普通的葡萄，步行遇到火星、金星和太阳，随后又骑着车找到了离我家直线距离大约 600 米的木星、1100 米的土星、2250 米的天王星和 3500 米的海王星，至于之前一直没有找到的水星，也在回家换

鞋时发现了它，原来是被踩到鞋底防滑纹路中的一颗蓝色玩具子弹。抠下来，和月球放到一起，你俩个头最接近，就做个伴儿吧！

第一部分

搞清楚！这是谁的地盘

第1章　太阳系超、超、超简史

我们所处的这个星系是以它的“系主任”的名字命名的，在这个被称作太阳系的地方，几乎所有星体都因受到太阳的引力而围绕着他运动，其中包括地球在内的8颗行星，超过200颗围绕这些行星运转的卫星，除此以外还有数十颗矮行星以及数百万计的小行星，真是一个大家庭！但如果把它们放到整个宇宙中去就极为渺小了。

而在宇宙的“起点”里，现在太阳系所包含的这一切都还不存在。“宇宙大爆炸”理论认为，在137亿年前，一个密度无比巨大而又炽热的奇点（想象中宇宙诞生的地方，时间和空间的起点）开始向外快速膨胀，随着温度和密度的降低，物质逐步形成原子与分子，随后又逐渐组合成为气体，这些气体由少到多地汇聚在一起组成星云，星云之中慢慢诞生了恒星、行星，最终一个又一个星系在宇宙中被建立起来。

大约46亿年前，银河系悬臂上一个不起眼的地方，在上代恒星死去的“遗迹”中，充斥着气体和尘埃的巨大星云中满是寂静与荒芜。突然，无比耀眼的光芒打破了原来的一切，如同要摆脱引力一般地向外辐射出来——是超新星爆发，无尽的黑暗与静止因此破碎，穿透而出的强光被

无数炽热的气体裹挟着向四周延展开来，非比寻常的变化预示着这里要发生某些特殊的事情。

超新星的爆发带动了整个星云的回应，那就是引力坍缩，不可计数的气体分子迅速集中到这片星云的中心位置上，速度快得就像是在一瞬间垮塌了下来，它们越聚越多，而且聚集的速度还在不断加快，最初汇聚起来的气体和尘埃被后面的物质向中心推挤，外层汇聚的物质越多，中心被挤压得就越紧，最终，原本毫不起眼的气体微粒形成了一个致密的核心，并与核心外部的物质共同构成了一个新的天体，这个巨大的天体也就是原恒星，即最初的太阳，原本混乱无序的星云物质也慢慢地“尘埃落定”，围绕在原恒星的周围，“平铺”在一个平面上形成原行星盘，这可能就是太阳系最初的样子了。

在随后的漫长时光中，原行星盘中的尘埃物质逐渐聚集起来，形成了一个又一个的小团块，它们在引力的作用下彼此相对独立又有联系地各自运动着，时不时发生着碰撞与重组，因而出现了尺寸较大的团块，这一过程反复循环上演。其中几个团块碰撞被动技能的天赋点很高，抓住了几次升级“长个儿”的机会，借助自身较大的引力不断将周围较小的物质团块拉到自己身上，在最初的太阳系形成之后的1000万年左右，土星、木星、天王星以及海王星开始具备了雏形。

在原行星盘上的天体不断“长大”的过程中，原恒星也没有停止变化，由于其不大的内部堆积了以往近乎整个星云质量的物质，所以压力巨大无比，温度也不断升高，在这种条件下，原恒星的“核燃料”被激活，伴随着热启动发生了链式反应——核聚变，在随后的5000万年左右的时间中原恒星慢慢稳定下来，成为一颗主序星。

此时，处在星系外环的四颗气态行星进化得有模有样，不断巩固自身的地位，而那些更加靠近星系中心的物质也没懒散怠工，这些具有固态核心、尺寸和现在的月亮差不多大的天体，我们就叫它们行星胚胎吧。这样的胚胎当时大约有几十个甚至上百个之多，但是由于距离主序星太近，资源非常有限，供他们成长壮大的物质就这么多，因此，彼此的碰撞和组合就成了唯一的快速增强自身实力的途径。在原恒星形成后的6700万年左右，一颗较大的星体与另一颗较小的星体发生了撞击，这颗较小的星体大约有现在的火星这么大，两者的碰撞几乎是百分百正面对撞，结果十分惨烈，彼此都落得“粉身碎骨”的下场，但是故事并没有就此结束。在撞击后的一段时间中，这些被撞碎的物质又重新聚集起来形成了两大团物质，其中比较大的就演化成了现在的地球，较小的那个被前者的引力捕获，成为了现在的月球，水星、金星和火星也是在这一时期的“准行星大乱斗”中“打”下了自己的疆域，巩固了自己的地位。

而在固态、气态两大类星体之间的这一段空间，就成了那些在“准行星大乱斗”中没有被大质量天体捕获或撞击的“小家伙”们的庇护所，最终形成了一个小行星带，这样的小天体大约有 50 万颗，尽管数量巨大且有些还在到处乱窜着，但是至少可以说，一个相对平稳的星系算是建立起来了。主序星在中间，拥有固态核心的水星、金星、地球和火星在内四环，而木星、土星、天王星、海王星这几颗拥有气态主体的星球就待在了外四环的轨道上。在随后的演化过程中星体之间的“矛盾”还不少，时不时“闹个别扭”，比如天王星和海王星在谁离太阳更近这个问题上发生过“对决”，土星和木星觉得自己身宽体胖想必说话也有些分量，于是就插手“干预”，这一“干预”可不要紧，把原本离太阳更近的海王星一下子给拉到了外环上，外四环的排位出现巨大变化，更加麻烦的是造成整个星系引力系统的不平衡，无数外环带上的小行星一下子乱了方向，这其中就有一大堆撞向了地球和月球，看看现在“千疮百孔”的月球表面吧！可想当时的撞击有多么的剧烈。

就这样，又过了大约 6 亿年，在小行星的不断来访与碰撞过程中，这个星系中内四环上排行第三的星球上出现了原始生命，而在接下来的近 40 亿年时光里，无数的神奇故事发生在这颗星球之上，直到今天。

好！
快，别让外面
那几个进来！

让我们进去！！！

那年那月
注意点儿！别又撞到我！
那把上次我撞你那一坨还我！！
代表月亮消灭你！

第 2 章　你需要了解他，这是我们唯一的太阳

距离这团星云中最初发生的那次爆闪已经过去 46 亿年了，这就意味着我们的太阳已经 46 亿岁高龄了，而人类的历史也不过百万年，在宇宙时空的尺度上看，就像是整场电影中的一帧画面般一闪而过，作为全太阳系最最幸运的幸运儿，咱们真的应该好好认识一下这颗维持着整个星系稳定、一刻不停地向外发出光和热，给整个地球提供一切能源的太阳。

研究他固然是重要的，不过在开始前有个问题——太阳比我们人类要年长那么多，而我们距离他又是如此的遥远，即便科学家在几百年前望远镜诞生之后就一直在连续观测太阳，记录有关他的一切信息，但是将这些信息放入到以数十亿年计的时间尺度中去，几乎看不出任何的变化，也就是说，只盯着咱们家门口的这一颗太阳去研究是徒劳的！那么就需要去找更多的“太阳”，样本越多越好，数据越丰富越好！这样就能将它们放在一起作对比，发现它们有哪些不同，谁的年纪更大，谁的聚变反应更猛烈，谁的能量更高！

但是这么多的样本去哪里找呢？太阳系当然只有一个

恒星——太阳，不过在外太空却有着无数的恒星，这些恒星就是其各自星系中的那颗太阳，通过观测它们，人们发现了处在不同寿命阶段的“太阳”，获取了在太阳系拿不到的重要数据，有关太阳的“历史之谜”慢慢解开。

现在，我们就把太阳看作一枚鸡蛋，注意，一定是煮熟的，轻轻敲碎外面的蛋壳，剥开来看看里面是怎样的。

尽管到目前为止人类还没有能力登上太阳去实地考察一番，但是，无数科学先贤为我们提供了多种定律和定理作为工具，通过现代化的观测手段以及对数据的巧妙分析，现在的人们对太阳的结构有了一定的认识。

从内到外，太阳分为核心区、辐射层、对流层、光球层、色球层和日冕，后三者统称为太阳大气，我们就来一层一层分别认识一下。

首先是太阳的核心区，该区域占据了四分之一太阳半径，虽然不大，却是太阳一切能源的发源地，核聚变反应发生最为密集的地方就是核心区，这里的温度达到 1500 万 ℃，压力更是高达地球大气压的 3000 亿倍，每秒钟大约有 3 600 000 亿亿亿亿个氢原子发生核聚变，释放出 280 亿亿亿焦耳的能量，等同于近千亿颗百万吨级核弹一同爆炸，太阳因此每秒要失去其自身近 400 万吨的质量。这里就是太阳能宇宙工厂的核心生产车间，那个让一部分人喜欢另一部分人讨厌的煮鸡蛋蛋黄，我个人觉得它的味道还是不错的，何况它还含有大量人体必需的磷脂与蛋白质。

核心区向外延伸的第二个区域被人们称为辐射区，从尺寸上看大约占据了太阳内部 0.25 ～ 0.86 个半径的区域，对应在煮鸡蛋上就是蛋黄外的蛋白部分。这里没有核心区那么"热火朝天"的核反应，但是却有着另一番景象，核心区"生产"出来的能量要向外运输，但是辐射区里面本身就挤满了大量粒子——有多挤呢？就像是节假日繁忙的高速公路，前方又遇到突发情况，所有汽车一辆接一辆紧挨在一起，堵在路上谁也走不了。这就导致光子要从太阳内部运动到表层的道路极度崎岖。有的读者会感到迷惑：光不是一种能量波吗？没错，光在很多情况下会表现波动性，但是，当我们把光如同其他原子、电子一样"放大"很多倍进行精细观察时就会发现，光也可看成是一份一份的粒子形态，这就是光的波粒二象性，明确了这点我们再来看太阳核心区的光子是如何到达太阳表面的。当有一个光子从核心区被制造出来开始向外运动时，好不容易挤到了辐射区的边缘，挡在它前面的可能有原子、电子等粒子，那么它再硬挤就没用了，前面挡得水泄不通，只能耐心地等待时机，在前面有空缺的时候才能移动一个位置。科学家计算过光子在太阳内运动的自由程，也就是光子每次能

够走的距离，为 1 ～ 10 微米，而辐射区有多厚呢？大约 70 万千米！

是不是这样就能计算出光子走出来用的时间了？没这么简单。

由于光子的移动是完全随机的，并不是径直向着太阳外面飞奔，加上这一层随机因素的干扰，无法简单地通过自由程和辐射区厚度来计算通过的时间，科学家根据模型模拟，最终得出光子走出来大概要花上百万年之久。如果换算为时间尺度来说，那就是这个光子产生的时候元谋人还在云南狩猎呢，当你阅读到这一章的开头时它才离开太阳，最终在你看到这段文字的那一秒刚好照在了你的脸颊上，有没有一种时空穿越的感觉？这样的事儿在太阳上每分每秒都在进行。

除了这种方式之外，还有不少光子是通过传递运送的方式来到太阳表面的，当一个分子吸收了光子之后，不会据为己有，而是在恰当的时候再将这个光子辐射出去，就像是在玩击鼓传花的游戏，光子被分子一个接着一个地运送出来了。

我们继续向外推进，辐射层的外面就是对流层，因为内部和外部巨大的温差，这里不断发生着非常剧烈的热量对流传输过程。与前面两个区域相比，对流层的厚度就要薄得多，大约只有数万千米，在这之外就是太阳的大气层了，你可以认为太阳大气层和对流层分别是鸡蛋的蛋壳以及蛋壳与蛋白之间的那层薄膜——没错！剥鸡蛋的时候最讨厌的家伙，鸡蛋特别新鲜的话就容易剥不干净，煮得嫩了也容易粘在蛋白上不下来，吃掉的话又严重影响口感和味道。

在太阳大气的最下面一层是光球层，厚度很薄，只有500千米左右，是的，这个厚度在太阳这个级别的恒星上只能算是很薄了。光球层由不透明的气体构成，太阳制造的几乎所有肉眼可见的光都是从这里发出的，换句话说，我们日常看到的太阳实际上只是光球层。

由此向上一层就是色球层了，这里发出的光不及光球层发出的百分之一，所以平时它都是淹没在光球层耀眼的光芒之中，我们根本看不到它，历史上，科学家是在观看日全食的时候偶然发现色球层的。当地球、月球和太阳恰好处在同一条直线上时，月球会刚好遮挡住整个太阳，在地球上的一条特定区域形成“月球阴影”，处在这个区域之中的地球观察者就会目击日全食的天象。当人们看到太阳的光辉逐渐消失的时候，太阳最外面一圈竟呈现出迷人的玫瑰红色，这就是色球层本身的样子了。除了迷人的色彩之外，它还会“长出”很多小火舌，在太阳表面“张牙舞爪”。有关色球层的秘密在很长的一段时间里只能是靠

月亮把太阳完全遮挡时才能一探究竟，现在，随着观测手段的不断进步，我们有了专门的滤镜，只要太阳升起没被云层遮挡就可以随时看到太阳的色球层。

太阳大气最外侧一层就是日冕了，它是太阳大气中高温等离子体向外的一种延伸，它的样子就如同它的名字——太阳的大帽子，只不过这是一顶毛茸茸的翻毛大帽子。日冕层大气非常稀薄，发出的光非常微弱，所以想看到它也要借助日全食，只有遮蔽了太阳光球层的强光之后日冕的模样才可以完美展现。日冕层有一点很是神奇，那就是超高温，根据目前光谱探测获取的数据，它的温度能够达到百万度的级别，要知道，紧临它的色球层温度范围是数千到数万摄氏度，光球层则只有几千摄氏度而已，它却能让温度“绕个弯儿”独自“发烧”，到现在也没有人完全搞清楚日冕的温度为何如此之高，这一问题至今还困扰着空间物理和天文领域的科学家。

假如将太阳比作鸡蛋
Hi~

step 1
该你了!
熟

step 2.
日冕
色球层
光球层

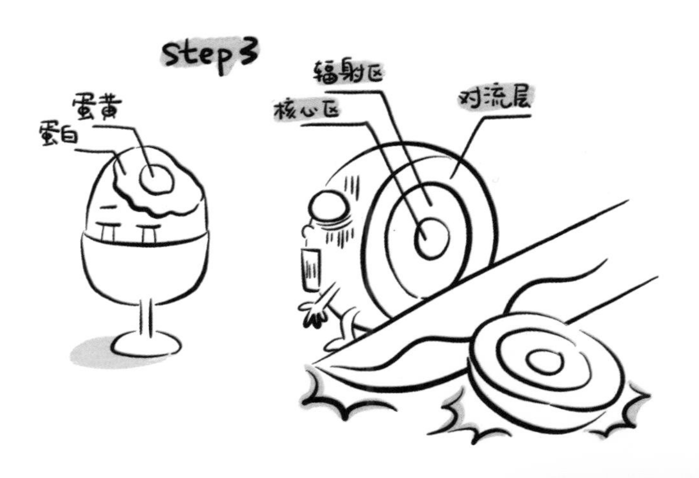
step3
蛋黄
蛋白
辐射区
核心区
对流层

第3章　太阳“一生”

前面一节中我们提到了太阳在成为“我们的太阳”之前经历了由星云坍缩物质凝聚于中心，随后在高温高压状态下引发核聚变最终成为主序星的过程。如果我们把太阳看作一个人的话，就当作是男孩子吧，反正日常我们也习惯于把太阳看作“中年大叔”，那么在最初的这段过程对应的就是太阳由出生、婴儿、幼儿、少年直到青年的阶段，大约用了5000万年，而到现在为止，根据科学家的估算太阳已经照耀宇宙46亿年了，算一算，太阳大约只花了他一生千分之五的时间就完成了从婴儿到成年的过程，换作是人类的话，相当于出生后刚能坐还不会爬呢，就去参加高考了。太阳啊太阳！你长得是不是有点着急了。

那么现在46亿岁的太阳，相当于人类多大年纪呢?

科学家根据太阳内部燃料的“库存量”计算估计，这家伙大约还有一半的核燃料没有使用，可以认为太阳年龄的进度条走了一半，大概相当于一个中年人，那么预计再过45亿年左右的时间，太阳就将转为老年了，一旦到达这个时间节点太阳就不再是主序星了，而是进入了被称为红巨星的阶段。

从名字上就不难理解，处于这个阶段的太阳将会是红色的巨大无比的样子。因为内部燃料库存的告急，维持高

效的核反应越来越难，缺乏足够的能量传输，于是太阳的表面温度越来越低；另一方面，由于自身质量的大幅降低，核心区不断收缩，而外层区域却因引力的减小而不断外扩，造成太阳的体积越来越大，逐渐扩张到周围星体的位置，尺寸甚至达到原来的数百倍。这一阶段持续的时间不会很长，大约以百万年计，科学家估算过成为红巨星的太阳会向外扩张到火星轨道的位置，也就是说，水星、金星、地球和火星四个内环行星都将被他直接吞噬掉。看到这里是不是想到了什么？“太阳急速老化，将会不断膨胀，吞没地球……”这是电影《流浪地球》开篇的一段旁白，一句话交代了地球要去流浪的主要原因：后面有一颗太阳在追赶，不跑不行啊！

在核燃料最终耗尽的时候，太阳会进入“濒死”的状态，成为一颗白矮星。

此时的太阳靠近外部的区域会发生大爆炸，绝大多数物质都被向外喷射出去，剩下的物质会“高度浓缩起来”，变得小小的，稳定后成为一颗密度极高但是尺寸可能比地球还要小的星体，而这一状态会继续持续数亿年之久。

那么就此结束了吗？

因为太阳的质量在恒星中相对较小，不足以在走向“死亡”的路上爆发为超新星，所以在其内部氢燃料消耗殆尽的时候，主要存在的元素变成了氦，而当太阳内部温度超过 1 亿 ℃时，就可能引发氦元素的核反应，一瞬间爆发出前所未有的极高能量，而这些能量都将被投入到这次大闪光过程中，从此太阳就真的要“消沉”下去了，直到世界尽头。

第4章　到目前为止我们都去过太阳系的哪些地方?

从世界尽头回到现实世界，不禁感叹人类真是神奇的物种，对这个世界上存在的一切未知领域都要去探索一番，森林、山峦、沙漠、海洋，现在是太空，一路走来的人类就在这一系列的探索与挑战中不断收获，巨大的喜悦与无数推动社会向前的科技成果累累枝头，在开始这场太阳系探索之旅前，让我们来简要回顾一番人类近百年探索太空所走过的路。

航天之路的开始

人类要想脱离地球的引力而走向太空所需要的最小速度是 7.9 千米 / 秒，这是 20 世纪初苏联科学院院士齐奥尔科夫斯基（Константин Эдуардович Циолковский）计算后得出的结果，这位自幼失聪，全凭着自强不息的精神自行阅读了大量书籍并最终成为一名中学老师的人类宇宙航行之父，一生撰写了超过 400 篇科学作品，近四分之一都是关于太空航行的内容，这其中就包括让火箭达到最小逃逸速度的方法，也就是所有现代主流火箭都采用的串联多级液体燃料火箭多次点火多次加速的方法。

1926 年，一枚现在看来毫不起眼的微型火箭停放在空旷的地面上，美国火箭科学家戈达德（Robert Hutchings Goddard）正准备将它发射升空，大家给它起了个名字叫尼尔，尼尔在随后的“试飞”中不负众望，一口气飞行了 2.5 秒，是的，你没有看错！一共就飞了这么多时间，但这却是人类成功发射的首枚液体燃料火箭，它的成功发射具有划时代意义。

1942 年，德国航天科学家冯·布劳恩（Wernher Magnus Maximilian Freiherr von Braun）带队研制出的火箭性能较过去大大提升，飞行高度达到 96 千米，而 100 千米高度就是现代定义的外太空与地球空间的分界线——卡门线（Kármán line），人类第一次如此接近真正意义上的太空。随后，德国纳粹部队装备 V-2 导弹并于 1944 年 9 月 8 日攻击英国伦敦，这是人类战争史上第一次由某一方使用火箭将上千千克炸药通过太空来打击数百千米外的对方。

之后，随着第二次世界大战的结束，美国和苏联分别获取了大量德国 V-2 导弹的资料和相关技术，而在人员上也分别形成了以冯·布劳恩为标志性人物的“美国队”和科罗廖夫（Сергéй Пáвлович Королёв）领衔的“苏联队”，自此开始了人类太空竞赛。

1957 年 10 月 4 日，苏联成功发射了人类第一颗人造地球卫星“斯普特尼克 1 号”，这颗卫星重 83.6 千克，直

径 0.58 米，能够测量温度和压强，并通过自身携带的通信设备将测量数据发回地球，这颗卫星在太空中工作了短短 22 天，但是却创造了历史，被称为“人造地球卫星 1 号”，苏联也在与美国的太空竞赛中拔得头筹。

美国紧随其后，于 1958 年 1 月 31 日发射了第一颗人造卫星“探险者 1 号”，这颗自重只有 8.2 千克的迷你卫星一度被人们嘲笑为“昂贵的柚子”，但它却完成了对地球周围空间的探测工作，人们将它带回的探测数据处理后发现，地球周围的太空存在带电粒子非常集中的区域，后来这一区域被命名为“范 · 艾伦辐射带”（Van Allen radiation belt）。

自此，人类发射卫星探索太空的大幕正式拉开，1965 年 11 月 26 日，法国成功发射“试验卫星 1 号”；1970 年 2 月 11 日，日本成功发射“大隅号”卫星；而我国也在 1970 年 4 月 24 日成功地将“东方红 1 号”卫星送入太空，并通过无线电向地球播送《东方红》乐曲，直到今天，它还在继续着它的环绕地球飞行之旅。

与此同时，美、苏两国也在载人航天的相关工作方面开足马力。1961 年 4 月 12 日，苏联宇航员尤里 · 加加林（Юрий Алексéевич Гагáрин）乘坐“东方 1 号”宇宙飞船到达距离地面 301 千米的太空，在绕地球飞行一周后成功返回地球，加加林成为首位进入太空亲眼看到地球样貌的人，而苏联也一举拿下“首先将人送入太空”的航天国头衔，再次领先美国一步。

随后，出现了一个关键转折点，1962年9月12日，时任美国总统约翰·肯尼迪（John Fitzgerald Kennedy）在位于休斯敦的莱斯大学发表了著名的“登月讲话”（We Choose to Go to the Moon），除了告知世界尤其是苏联“我们要在十年内把人送上月球”，还留下了那句“我们决定登月并完成其他的事，不是因为它们轻而易举，而是因为它们困难重重，我们乐意接受这个巨大的挑战”的超燃宣言。

在此之后，两个航天大国都加快了各自的脚步。1962年12月，美国率先实现行星探测，“水手2号”飞掠金星；转年的6月16日，苏联将首位女性宇航员瓦莲京娜·捷列什科娃（Валентина Владимировна Терешкова）送入太空，7月26日，美国就紧随其后发射了人类首颗地球同步轨道卫星“辛康2号”作为回应。1964年美国再接再厉，于8月19日发射人类首颗地球静止轨道卫星“辛康3号”；苏联则是在同年10月12日完成了人类首次多人太空任务，“上升1号”飞船将3名宇航员一起送入太空，而多人协同完成轨道任务也成了后来登月任务的“标准模式”，趁热打铁，1965年3月18日，“上升2号”飞船的宇航员出舱实现太空行走；而美国则在这一年发射了火星探测器“水

手 4 号”，并于 7 月 14 日飞掠了火星，这一次在载人登月的赛道上苏联反超美国走到了前面。

转折再一次出现是在 1965 年年底，12 月 15 日，美国的“双子星 6 号”和“双子星 7 号”在太空中进行了伴飞以及对接的尝试，但没有真正实现对接，这是一个伏笔。另一边的苏联则是在 1966 年 2 月 3 日实现了首次月球软着陆，“月球 9 号”也成了首个完好到达月球的人造物体。正在苏联登月形势看起来一片大好时，1966 年 3 月，美国的“双子星 8 号”与“阿金纳”火箭末级改装的飞行器实现太空对接，这是实现载人登月非常关键的一步，从此美国在载人登月的进度上逐渐反超了苏联，而后来的登月第一人尼尔·阿姆斯特朗（Neil Alden Armstrong）就是“双子星 8 号”飞船的指令长。

1967 年 4 月 23 日，苏联宇航员科马洛夫（Владимир Михайлович Комаров）在执行太空任务返回时发生重大事故，“联盟 1 号”飞船返回舱的降落伞打开失败。同年 10 月，“宇宙 186 号”和“宇宙 188 号”太空飞船实现了无人状态下的太空对接。

随后双方都沉寂了一年多，1968 年年底，美国“阿波罗 8 号”飞船带着 3 名宇航员实现了月球环绕飞行，最近时距离月球 111 千米，在感叹月球从未如此清晰的同时还拍下了那张著名的“在月球看地球升起”的照片。

1969 年 1 月 16 日，苏联首次实现了载人飞行中的飞船对接，而这时距离美国实现登月只有不到 7 个月的时间了。

1969 年 7 月 16 日，美国“阿波罗 11 号”飞船带着 3 名宇航员搭乘“土星 5 号”火箭出发了，在绕着地球飞行 12 分钟后，火箭将飞船的速度提升到 7.67 千米 / 秒，随后又绕着地球飞行了一圈，在预定轨道位置第三级火箭点火，将速度提升至 10.5 千米 / 秒，使飞船成功摆脱了地球的引力束缚，进入地月转移轨道。30 分钟后，载着 3 名宇航员的飞船指令与服务舱从“土星 5 号”火箭上完成分离，并在旋转 180° 后与第三级火箭内的登月舱对接。经过 3 天的飞行，7 月 19 日“阿波罗 11 号”飞船到达月球，随后开启飞船主火箭进行减速使其进入绕月球飞行的轨道，接下来，登月即将开始。

1969 年 7 月 20 日 18 时 11 分，登月舱“鹰号”与指令服务舱“哥伦比亚号”分离，3 名宇航员中的尼尔·阿姆斯特朗和巴兹·奥尔德林（Buzz Aldrin）进入登月程序，而迈克尔·柯林斯（Michael Collins）则留在了“哥伦比亚号”上执行中继通信和接应工作。

降落发动机开机，登月舱“鹰号”开始下降，向着人们期盼已久的月球慢慢接近，这途中由于对接雷达的误开

机使得导航计算机始终在报警，两名宇航员和地面飞控指挥中心一阵紧张后，飞行指挥官史蒂夫·贝尔斯（Steve Bales）向宇航员传达指令“继续执行登月任务”，同时，登月舱偏离了预定降落地点数千米之远，燃料在快速消耗着，预计距离发动机关机时间还有 30 秒，宇航员阿姆斯特朗透过舱门舷窗向下望去，在陨石坑和沙砾石块中寻找一个能够降落的平坦之地，时间一秒一秒地过去，最终在 20 时 17 分 43 秒，这羽全球瞩目的“鹰”成功降落在月球之上。

1969 年 7 月 21 日 2 时 56 分，在“鹰号”降落月球 6 个半小时后，宇航员阿姆斯特朗扶着登月舱的阶梯扶手，踏着阶梯的踏板，成功登上月球。“这是我个人的一小步，却是全人类的一大步”（That's one small step for a man, one giant leap for mankind），人类首次登上除了地球以外的宇宙星体，正式进入了深空时代。

探索的脚步仍在继续。

行星探测简史

在美、苏两国忙着第一个实现载人登月目标的时候，探索太阳系其他行星的任务也在执行当中，毕竟月球只是我们的一颗卫星，与其他太阳系天体比起来月球就像是自家阳台外的风景，实在是太近太熟悉了，而宇宙深处无限的未知着实太过迷人，让人类情不自禁去探索。

前面我们提到1962年美国“水手2号”探测器飞掠金星，最近时距离金星约为34 773千米，而在1965年7月14日飞掠火星的“水手4号”距离火星也有9846千米，都相当于是“远远地看上一眼”的探测。受限于当时的技术水平，还有与登月相比要小得多的社会影响力，以及可能相当低的投入产出比，所以美、苏两国都没有把登陆行星这一新的挑战作为当时的重点方向。但随着1969年美国首先实现载人登月，登陆其他行星这样的新挑战陆续被提上了日程。

或许你注意到了在行星这里，我们用的词是“探测器”，那么它和之前提到的“卫星”有区别吗？

这两大类航天器在本质上其实没有区别，都是通过火箭被运送到太空中的某一位置，借助星体的引力来完成一定规律的空间运动，从而实现探测、监测的目标。不同之处在于“卫星”是绕着地球转的，而“探测器”主要是绕着其他行星转，由于月球是地球的唯一天然卫星，所以那些登月的以及绕月飞行的“探测器”一般也被称为卫星。不过在英文中，只有月球这颗天然卫星有资格被写作“Moon”，其他人造卫星都只能小写为“moon”。

那么整个太阳系中我们人类都到过哪些地方呢？

人类探测器首先登陆的地外行星是金星，这个全天空

最亮的星有着和地球差不多的“身材”，只直径略微小了600 千米，不过这里的环境可和地球很不一样，日常的温度超过 500 ℃，大气压更是高达地球的 92 倍，尽管距离太阳比水星远了近乎两倍，但是由于充满了二氧化碳这种温室气体，金星的环境比水星更加恶劣。

苏联对金星探测可谓“情有独钟”，共发射了 19 艘探测器，几乎有关金星探测的所有“人类第一”都属于她们，目前人类有关金星大气、表面以及组成的相关信息差不多都来自这一时期苏联的工作成果。其中，1970 年 8 月 17 日发射的“金星 7 号”探测器首次实现了金星软着陆，登上金星。美国在探测金星方面好像兴趣稍微低一些，一共发射了 7 艘探测器，不过其成功率很高，3 艘“水手”系列、2 艘“先驱者”金星系列探测器，还有飞掠探测的“伽利略”飞船、“麦哲伦”飞船，除了最初发射的“水手 1 号”外均告成功，并获取了整个金星的全球雷达图像。

人类到访的第二个地外行星就是火星，与地球相比，火星的直径只有地球的一半多一点，质量约为地球的11%，相应的重力也只有地球的约 2/5，就是这样一个堪称迷你版地球的行星却让人类如同着了迷一般地去探索，原因无他，在太阳系中火星和我们的地球实在是太像了。火星的自转周期为 24 小时 39 分 35 秒，只比地球 23 小时 56

分钟的自转周长一点儿；火星自转轴倾角为 25.19° ，也与地球的 23 ° 26′ 接近，所以火星上有与地球相似的明显的四季变化；火星还和地球是近邻，同样处在距离太阳远近合适、不冷不热的宜居带之中。于是很多人相信一番开发改造之后，火星可能成为“下一个地球”，或是成为未来深空探索的地外基地，一直以来人类都热衷于探索火星，至今已经至少派出过 40 艘探测器了。

1971 年 12 月 2 日苏联发射的“火星 3 号”探测器成功在火星上实现软着陆，但它却遭遇了火星沙尘暴，在着陆舱开始扫描拍照时只工作了大约 20 秒，就与地球失去联系，最终任务以失败告终，但这是火星上首次有人造物体活动的记录。美国于 1975 年 8 月 20 日发射本国最早的火星着陆探测器“海盗 1 号”，11 个月后的 1976 年 7 月 20 日，“海盗 1 号”成功登陆在火星的“黄金地”平原上并开机实现探测，这一回，人类成功拍摄了火星的地形地貌，记录到了火星上有地震发生，还测量了火星的土壤，不过，并没有找到微生物和与生命存在相关的证据。在此之后，美、苏两国，还有欧洲、日本等国家和地区的航天机构也分别开展了大量有关火星探测的工作，其中的“明星”选手就是美国的“勇气号”“机遇号”“好奇号”火星巡视器，也就是我们常说的火星车，它们在火星上的实地移动考察

帮助人类发现了火星上存在大量的固态水，获取了地质结构、土壤成分、大气条件等关键数据，为人类登陆火星做好了前期准备。而我国的火星探测器“天问一号”也已于2020 年 7 月 23 日成功发射，她所搭载的火星车“祝融号”更是在 2021 年 5 月 15 日成功着陆在火星表面，中国人一次性完成了环绕、着陆、巡视探测火星的三大任务目标，如此成就令全世界瞩目。

到这里为止，我们已经一同去到了金星和火星，除了我们所处的地球之外，太阳系的固态行星还剩下一个，那就是距离太阳最近，处在行星轨道最内环的“小小”——水星，与其他行星相比，水星的身材实在是太迷你了一些，直径只有 4879 千米，真要是比起来的话还没有太阳系一些行星的卫星大呢！

水星在最内环围绕太阳公转时，近日点距离太阳只有4600 万千米，即便是到了远日点，水星与太阳的距离也不过 5800 万千米，在如此近的距离上水星要承受大约 10 倍于地球的太阳辐射强度，再加上水星没有磁场的保护，日常环境极为恶劣，平均表面温度达到 180 ℃，白天被太阳直晒的区域温度超过 430 ℃，夜晚又陡降到 -170 ℃，近600 ℃的温差决定了这里几乎不可能存在生命。

水星本身的尺寸小，能产生的引力弱，再加上距离太阳又特别近，这些特点导致探测器到达水星附近时所受到太阳引力的影响特别大，这极大地增加了探测水星的难度，所以，到目前为止，到访过水星的探测器一共只有 3 艘。1973 年 11 月 3 日，美国发射“水手 10 号”探测器，在经过上亿千米的旅行后在 1974 年 3 月 29 日成功飞掠水星，在距离水星约 700 千米的地方首次完成了对水星的探测。第二个探访水星的探测器“信使号”，也是美国发射的，她的“探水”之路堪称是跌宕起伏，2004 年 8 月 3 日由“德尔塔 2 号”火箭发射升空，经过 1100 多天的飞行，先后 3 次飞掠金星，借助引力弹弓效应完成减速，直到 2008 年的 1 月 14 日才首次飞掠水星，此时的她距离水星表面非常近，只有大约 200 千米，但这只是一次“擦肩而过”，此后，又经过 3 年零两个月有余的太空飞行，2011 年 3 月 18 日，“信使号”的发动机再次点火进行减速，这一回她终于被水星微弱的引力所捕获，进入围绕水星旋转飞行的轨道，成为人类有史以来第一枚真正意义上的水星探测器，“信使号”最后的任务是“登陆”水星，但她是以“撞击陨落”的方式完成对这里的最后探测。北京时间 2015 年 5 月 1 日凌晨 3 时左右，“信使号”在所有燃料耗尽之后对准了水星极地可能存在水冰的区域，以 3.91 千米 / 秒的速度撞向水星，用她体积仅 1 立方米、质量为 500 千克的身躯撞出

一个直径约 16 米的坑。

最近的一个水星探测器是欧洲和日本联合研制的“贝皮·科伦坡号”，她于 2018 年 10 月 20 日发射升空，目前正在前往水星的路途上，预计于 2025 年到达，执行包括水星地貌、磁场、浅层地表等探测任务。

好了！除地球以外的 3 颗固态行星我们都一一到访过了，剩下的太阳系行星还有木、土、天、海这 4 颗气态行星，人类第一个目标会选择谁呢？自然是距离地球最近的木星了，它是太阳系除了太阳外“身材”最为魁梧的星体，直径达到 142 984 千米，约为地球的 11 倍，质量甚至达到了其他 7 颗行星总和的 2.5 倍。木星有一个小小的固态内核，外部主要由氢和氦等气体包裹，这些气体在不停地快速运动着，造就了木星大气中无数的令人惊叹的华丽变幻。值得一提的是，木星虽然是太阳系行星中十足的“大块头”，却非常非常“灵活”，自转一周只需要 10 个小时，也就是说你在地球上休息一个晚上，木星“人”已经过了一整天了。

首先出发去往木星的是 1972 年 3 月 3 日美国发射的“先驱者 10 号”探测器，她是人类首艘成功穿越火星和木星之间的小行星带并近距离观测木星的探测器，1973 年 12 月 3 日，“先驱者 10 号”到达距离木星约 13 万千米的位置上，拍摄了超过 300 张照片，这是地球获取的第一组木星特写近照。距离 13 万千米之外拍照怎么就成近照了呢？别忘了，木星的直径超过 14 万千米，在这个距离上就如同和模特面对面拍脸部特写了呢！除了拍照观测之外，她还顺便探测了木星的磁场和辐射环境。随后，“先驱者 10 号”就在木星巨大的引力作用下来了个大拐弯，向着太阳系外的方向飞去。除了科学探测任务，“先驱者 10 号”上还携带了表明地球文明、星际位置的金属板，以及其他图片、音乐唱片，借此向外星文明表示友好。如果一切顺利的话，她将在大约 200 万年后到达距离地球 68 光年的毕宿五（金牛座 α）。而在这之后，美国又相继发射了 5 枚木星探测器，这其中就包括著名的“旅行者 1 号”和“旅行者 2 号”，关于她俩的故事我们后面会提到。

最近到访过木星的探测器是美国的“朱诺号”，她在 2016 年 7 月 25 日进入木星轨道，灵活机动地绕着木星好好做了一番观测，使人们更加清晰地认识了“大红斑”气旋以及南极的“蓝色漩涡”。

飞离木星，迎面而来的超漂亮的行星就是土星了，这同样是一颗气态行星，有着整个太阳系最绚丽的“配饰”——土星环。土星本身的直径达到了 120 540 千米，具有和木星类似的“固态核 + 外部气体”包裹结构，氢和氦是构成土星的主要元素，不同的是这里的大气运动速度非常快，

经常刮起时速超过 1800 千米 / 时的风，远高于木星。在靠近土星的外部有着一圈圈迷人的环状物，这些由冰块和岩石构成的土星环，成因至今还是个谜。除了土星环，人们还发现了 82 颗围着它旋转飞行的卫星，相比之下，只有一颗天然卫星月球的地球，这外设配置太低了。

第一个专门拜访土星的人造探测器是“先驱者 11 号”，就是在“先驱者 10 号”发射后不久于 1972 年 4 月 6 日升空的。与“先驱者 10 号”不同，“先驱者 11 号”不光要飞掠木星，更大的目标是要借助木星的引力弹弓效应把自己“弹射”到土星附近去。她先是在 1974 年 12 月 4 日到达距离木星约 34 000 千米的轨道位置，借助木星的引力一边加速一边更改轨道的方向，终于在经过了数亿千米的飞行，于 1979 年 9 月 1 日到达本次行程的目的地——距离土星最近仅 21 000 千米的位置，这意味着“先驱者 11 号”将从土星环与土星之间钻过去。这在当时还有另一番用意，就是为已经发射但还未到达土星的“旅行者 1 号”和“旅行者 2 号”做提前测试，如果土星环与土星之间可以通过，则保持“旅行者”探测器的预定轨道不变，如果“先驱者 11 号”在穿越时险遭不测，那么为了保护“旅行者”就要修改现有的轨道设定，好在她顺利地飞了过去，从某种层面上说，“先驱者号”恰恰如同宇宙探索的先驱者一般，为后续的“旅行者”破纪录的远行奠定了基础。

首个环绕土星进行探测的探测器是美国国家航空航天局（National Aeronautics and Space Administration，以下简称 NASA）和欧洲航天局（European Space Agency，ESA）共同资助的“卡西尼－惠更斯号”，她巧妙地利用了金星、地球、木星的引力弹弓，自 1997 年 10 月 15 日发射升空，直至 2004 年 7 月 1 日，经过一条精心设计规划的如同杂耍般的复杂路径，终于成功到达环绕土星的轨道，在接下来 13 年的时间里，“卡西尼－惠更斯号”共 312 次接近土星表面飞掠而过，帮助我们解决了一系列科学上的疑问。最终，“卡西尼－惠更斯号”在燃料耗尽之前的最后一次飞掠土卫六——泰坦时，稍稍降低了自己的轨道，从而让引力将她拉向土星大气的方向，这样做是为了保护土卫六上可能存在的生命不被星外来物影响到，最终，2017 年 9 月 15 日，“卡西尼－惠更斯号”坠入土星稠密的大气之中，永远地留在了这里。

接下来我们要拜访的这两颗气态行星相对前面两位出镜要少一些，主要是距离我们太遥远了。

天王星和海王星分列太阳系行星轨道第 7 和第 8 外环的位置上，距离地球的平均距离分别达到了 28 亿千米和 45 亿千米，天王星的直径是 51 119 千米，海王星稍小一些为 49 532 千米，区别于木星和土星，这两颗气态行星被称为冰巨星，主要由于其内部结构和成分与前者存在较大不同。科学家判断，冰巨星的内核由冰和岩石组成，外部包裹着固态甲烷和厚厚的氨冰块，由于距离太阳很远，天王星的温度只有 – 224℃，这是太阳系行星中表面温度的最低纪录；海王星距离太阳更远但却比天王星稍稍“温暖”一些，表面温度为 – 214℃。

由于距离太过遥远，以人类目前最快的“帕克号”探测器的最终速度（预计为 192.2 千米 / 秒）粗略计算，飞到天王星需要 168 天，而到达海王星则需要 271 天，实际上这样的速度光靠火箭加速是远远不行的，需要依靠星体的引力弹弓效应多次加速才能达到，更重要的是，深空旅行需要通过计算得到最节省燃料和可实现的弯曲轨道，并不是用直线距离来计算总路程的，所以，真要到达这两个星球至少要数倍于此的时间。人类至今为止去拜访过它俩的探测器就是大名鼎鼎的“旅行者 2 号”。该探测器采用核能电池供电，这样做是为了能源的稳定输出和满足仪器工作的温度环境，从而保证探测设备的长期正常工作，在 1977 年 8 月 20 日发射升空后，“旅行者 2 号”先是飞向了土星，再借助土卫六引力的帮助，实现加速转向，从而飞向天王星和海王星未来所处位置，最终，在 1986 年和

1989 年她成功地经过这两颗气态行星，光是在路上就分别花费了 9 年和 12 年，才得以到达，可见人类对这两颗太阳系“最外环”的行星进行探测的难度有多么巨大。

除了行星之外，人类进行过探测的还有矮行星、小行星等天体，比如在 2006 年被“降级”为矮行星的冥王星。“新地平线号”的设计初衷就是去探测冥王星的，自 2006 年 1 月 9 日发射后，便以 16.26 千米 / 秒的速度成为有史以来发射速度最快的探测器，3 个月后穿越火星轨道，次年 2 月 28 日飞掠木星，再 4 个月后穿越土星轨道，随后又分别在 2011 年 3 月和 2014 年 8 月穿越天王星与海王星的轨道，最终在 2015 年 7 月 14 日飞掠冥王星，最近距离只有 29 473 千米，并拍下了著名的冥王星“比心”的照片。现在，“新地平线号”已经和“旅行者 1 号”还有“旅行者 2 号”探测器一样，飞到了距离太阳非常遥远的地方，穿过了布满小行星的柯伊伯带（Kuiper belt），远到太阳风在这里都微弱得几乎探测不到，人们称她们是“已经飞出太阳系”的探测器，但是实际上距离太阳系真正的边界还远着呢！

2001 年 2 月 12 日，“舒梅克号”探测器成功降落在了一颗小行星上，这颗名为“爱神”（433 Eros）的小行星有多小呢？据科学家估算，它长约 33 千米，宽度和厚度约为 13 千米，天文学家管它叫“胖香蕉”，你就能想象出它

的样子了。这颗可能和太阳系一样古老的“大石头”有许多“故事”要和我们讲，于是，“舒梅克号”探测器就前前后后给这颗小行星拍摄了超过 16 万张照片，把有关它的事都一一记录下来供科学家研究。

月球，人类已经前后去了近百次，金星、火星两个地球近邻我们到访的次数加起来也和月球差不多，即便是远在几十个天文单位之外的星体我们也都一一去过了，反倒是太阳系的中心——太阳，我们去得并不多！严格来讲，就连“靠近看看”在以往都没有过！据说 NASA 在成立之初设立了三大核心目标，前两个分别是发射人造卫星和载人登月，卫星早在 20 世纪 50 年代就发射升空了，登月也在 1969 年实现，唯独这最后一个“去太阳上好好观测一番”的目标始终没有实现。原因很简单，就是因为技术难度太大了，靠近太阳数百万千米的地方，探测器面对太阳这一面的温度至少超过 1400℃，而背面则会低至 -200℃，高温、高辐射、高磁场等堪称极限条件的环境长久以来困扰着科学家和仪器工程师们。直到 2018 年 8 月 12 日，第一个敢于近距离观测太阳的探测器“帕克号”发射升空，预计将于 2024 年到达距离太阳仅约 600 万千米的“极限”位置。

曾经，
有人幻想借助
风筝和烟花
飞向天空……
你敢相信吗？
火箭一开始竟如此简陋

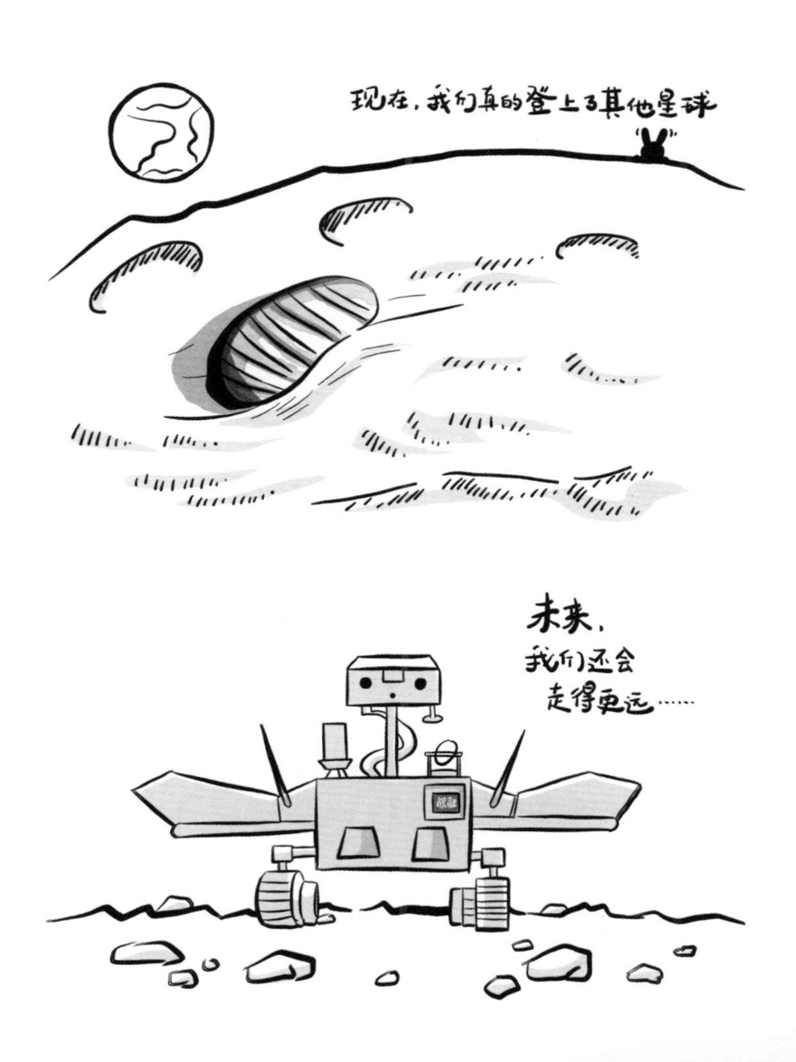
现在，我们真的登上了其他星球
未来，
我们还会
走得更远……

第 5 章 人类不得不面对的“抛锚”

到 2021 年为止，到达距离地球最远位置的人造探测器是“旅行者1号”，自 1977 年 9 月 5 日发射后已到访了木星、土星等行星，现在它距离地球约 225 亿千米，我们知道无线电信号在太空传输的速度等同于光速（299 792.458 千米/秒），“旅行者 1 号”所发出的一个信号传回地球需要约 20 个小时。对于人类而言，“旅行者 1 号”44 年来的太空行程确实非常非常的遥远，早已超过了人们日常的认知范围，但是，严格意义上讲她都还没走出太阳系呢！只不过是离开了太阳风所笼罩的太阳系区域，穿过了太阳风等离子体与星际介质的交界处，在这里几乎不受太阳系空间环境的影响。但如果我们再把太阳系的“地图”稍稍放大一点，就能看到在她的外侧还有奥尔特云（Oort Cloud）呢！

如果要到达相邻的星际空间至少还需要 10 万年，而要飞到距离我们较近、在地球的夜空中观测到的最亮的恒星天狼星附近，则需要再飞行 6.5 光年的距离，耗时超过 29 万年。

也就是说，虽然我们能够探索太阳系中很大的范围了，也能搭建巨大的空间站长期生活在太空之中，但是如果把视野放大到银河系甚至是宇宙中去，人类距离真正的“星际旅行”“宇宙大航海”真的差得还好远呢！

说到拦在人类面前的困难，第一个就是火箭发动机和燃料技术，无论是“旅行者 1 号”还是“先驱者 10 号”，它们飞行的动力都是借助最初火箭点火发射时所产生的动力，在穿梭各大星球时会尽量借助其引力做“二次加速”，但并不会再有任何人为的助推加速。一方面走向深空要克服巨大的太阳引力，但同时，由于火箭的性能局限又要求人造航天器不得不去借助太阳的引力，在现有的、成熟的航天发动机所构筑的基础上探测器的速度很难再有大的提升。

目前我们的火箭核心技术所依靠的理论可以说有些“古老”了，前面我们曾提到了苏联火箭科学家齐奥尔科夫斯基，他曾经在从事中学老师这一职业时提出了一个著名的理论，该理论表明：火箭在飞行中能够达到的最大速度和两个数值有很大关系，第一个是火箭燃料的喷射速度，第二个是火箭发射时和燃料耗尽停止工作时的质量之比。对于燃料喷射速度比较好理解，火箭尾喷管的高温气流产生与飞行方向相反的推力，它们喷射的速度越快，相应产生的反向加速效果越好。目前固体燃料发动机能够达到的喷射速度为 2 ～ 3 千米 / 秒，液体火箭要高一些，能够达到 3 ～ 4 千米 / 秒，等离子体火箭则是目前人类用于实际的速度最快的火箭，喷射速度能够达到 30 ～ 200 千米 / 秒，推进效率很高，但是目前的技术无法将其推力做得很大。

火箭的发射质量与最终质量的比值是另一个关键，火箭发射的目的是将物体运输到太空，并使其长时间停留在这里，这就需要火箭能够达到第一宇宙速度（7.9 千米 / 秒），这是进入太空的速度门槛，即摆脱地球引力的束缚飞入太空并环绕地球飞行的最低速度。

火箭在点火后燃料的消耗速度是以吨来计算的，火箭速度被快速提升的同时燃料也在不断消耗，火箭越飞越高、越飞越快，最终都会燃料耗尽，到达最高速度，此时火箭的质量也随着“能量耗尽”而变得最小，质量比值的重要意义就在于要用尽量轻的火箭，装尽量多的高效燃料，让火箭处于加速状态的时间尽量长。直到今天这一理论仍然是火箭设计的终极追求，在此基础上出现了多级火箭，点火加速之后就将已是空壳的火箭抛掉，降低重量后再点燃下一级火箭，最终使火箭达到更高的速度，能够运载更重的物体进入太空。比如送宇航员登月的“土星 5 号”火箭，其结构就是三级火箭，高 110.6 米、直径 10 米的庞大身躯中装载了近 2600 吨燃料，一级火箭加注煤油和液氧，二、三级火箭加注液氢和液氧，而这些燃料要在总计约 16.5 分钟内燃烧完，平均每秒大约烧掉 2.6 吨，因此，这枚人类到现在为止最强的运载火箭和燃料消耗的巨兽，能够把 45 吨重的物体加速到超过 11.2 千米 / 秒，并送入地球—月球转移轨道中去。

11.2 千米 / 秒的速度被称为第二宇宙速度，这足以让人类离开地球的束缚飞向太阳系的其他地方，前面我们提到的“旅行者 1 号”则具备了更高的 16.7 千米 / 秒的第三宇宙速度，这是摆脱太阳引力的最低速度。如果要进行星系间的旅行，也就是摆脱银河系的引力束缚，大约需要 120 千米 / 秒的初始速度才行，依靠人类目前的火箭发动机和燃料技术，还远远无法达到。

除了火箭技术的局限，还有一个重要原因也在限制我们探索宇宙的脚步，这就是广泛存在于宇宙各个角落的“辐射”问题。朋友们对它应该不会陌生，辐射无时无刻地伴随在我们的周围，日常生活中的家用电器，大到冰箱、电视、洗衣机，小到手机、手表甚至是插线板，只要是有电的地方就有辐射，但是日常生活我们遇到的几乎所有辐射都是一种波长大、频率低、能量又弱又小的电磁辐射，与困扰我们进行深空探索的电离辐射完完全全不是一个“事儿”。

在太阳系中有两大“辐射源”，这第一个自然就是太阳了，毕竟整个太阳系的能量都来自这里，另一个则是来自宇宙深处的宇宙射线。这些以射线或高能粒子形式存在的辐射非常厉害，看不见也感受不到，但是却能将原本稳定的原子或分子中的电子给“撞出来”。也就是说，宇宙中的高能射线以波长短、频率高、能量大的姿态一刻不停

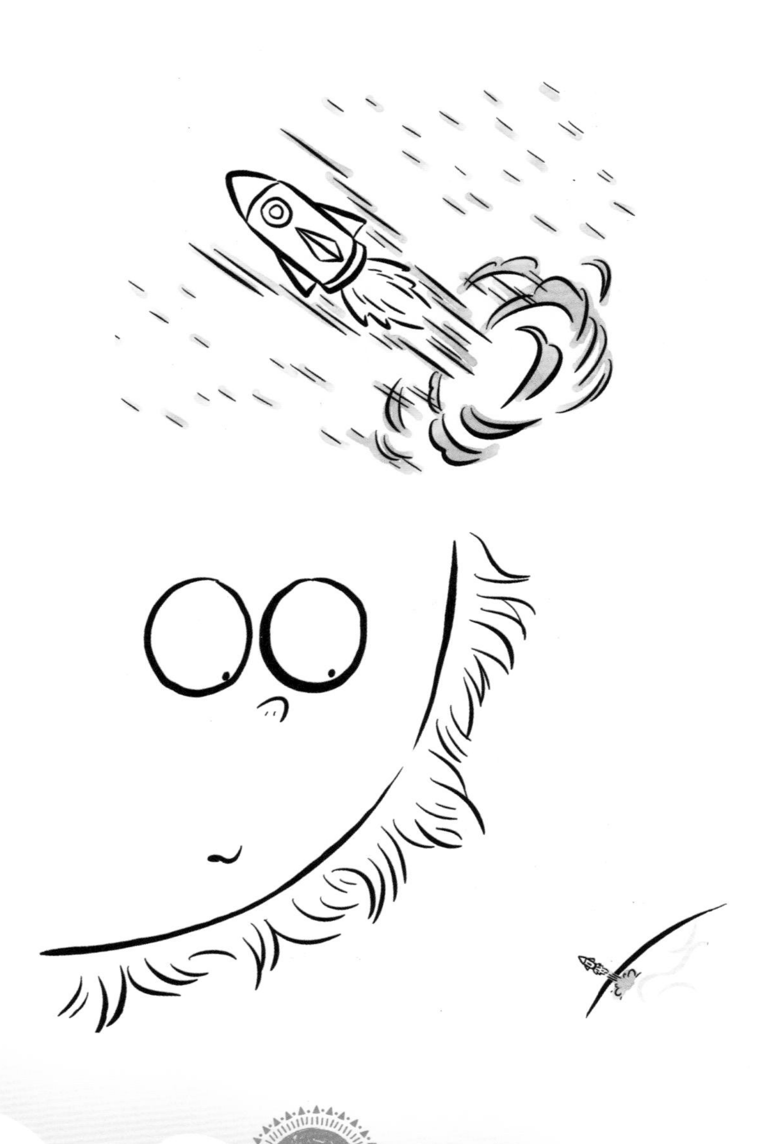

7.9千米/秒 第一宇宙速度
11.2千米/秒
第二宇宙速度
16.7千米/秒，
脱离我引力
飞往外星系的
最低速度！
第三宇宙速度

地对太阳系内的每个角落发起攻击，太阳还会通过一些爆发活动增强它的对外辐射，这些辐射会对处在地球周围太空中的人造航天设备造成伤害。地球磁层和大气层就像是电影中的能量保护罩一般保护着我们。

我国于2020年7月发射实施的“天问一号”火星探测任务，火星探测器在穿越地球到火星的近5亿千米的路途中，并不是“无忧无虑”地在空无一物的宇宙中自由飞翔，自从运输探测器的火箭穿过大气层进入太空，粒子辐射就开始来“捣乱”了，无数的以近乎十分之一光速超高速飞行的带电粒子撞向火箭的微电子系统，前者是来自太阳无意为之的“虚无缥缈终不可见”的攻击，后者是人类科技皇冠上的明珠“精细之物薄如蝉翼”，两个看起来毫不相干的东西过招，一点儿小故障都可能造成严重后果。

在电路的控制核心芯片中存在着无数个半导体的基本微小结构，被称为PN结，它们的状态决定了半导体器件所产生的指令，而这些指令在很大程度上影响着飞行器的状态。来自银河系的高能粒子和太阳爆发过程中产生的高能带电粒子可以穿过飞行器的金属蒙皮直接打击到电路核心芯片上，芯片内部的PN结就可能出现错误的电信号，从而改变电路的逻辑状态，发出错误的指令。如果处理不及时，飞行器会执行错误的指令，甚至造成严重的后果。

带电粒子除了轰击航天器内部电路造成逻辑错误，还

能造成设备的物理损伤，而身在太空的人类也要面临粒子辐射，所以宇航员在太空出舱活动时往往选择太阳活动水平低的时间段，尽量减少辐射对身体的影响。粒子辐射会直接轰击人体的细胞，细胞中DNA（脱氧核糖核酸）是生物遗传信息的载体，它的链状结构分子不太稳定，如果高能带电粒子恰好打到这些物质上面，DNA分子链的螺旋结构会被破坏，造成遗传物质缺失，从而使细胞分裂复制时发生“BUG”（缺陷），这种错误就有可能在人体内被不断放大，形成肿瘤。所以，在国际空间站或是载人飞船上，都会针对空间辐射增加结构防护，甚至对部分舱体做更高等级的防辐射设计，作为宇航员避险的区域。

与空间站的短期驻扎不同，在时间长达数个月的火星探测之路上，如果想将人成功送达，再健康地接回来，除了提高火箭的能力以缩短行程时间，增加重要物资和生命维持系统的比重，必须要解决的还有减少粒子辐射，否则，长期暴露在高强度辐射下，一旦超出人体承受辐射剂量的极限，宇航员的生命健康随时可能出现问题。

那么是不是我们解决了这两个问题就能安心地走向宇宙深空了呢？俗话说得好，“细节里面有魔鬼，越是了解就越敬畏”，在我们离开地球的每一个过程和步骤中，太阳系的这位系主任随时都可以给你增加任务难度，下面我们就进入本手册的第二部分去看一看他的“手段”。

第二部分

太阳系终极“关底”

太阳，对于人类来说就是这个世界上最为明亮耀眼的物体，也是我们这本手册中的最强存在，恭喜你！提前来到了关底，准备好被他“虐菜”了没？！

这家伙有超过一百种的技能手段让你快速“扑街”，身处宇宙中的人类飞船对他而言，宛如大海中的一片树叶，哪怕是一个小小的浪花，也能随时使之倾覆。与太阳相比，人类目前解锁点亮的技能树还只能算是“新手村”启蒙阶段，只不过，在人类心中的世界里还有一样比太阳更加明亮火热的东西叫作“探索与希望”，无论前方有多少未知与困难，在这条路上我们永远不会停下脚步。

第 6 章　几千年来，大家一齐来看“球”

先来简单梳理一下人类认识太阳的过程。第一个管太阳叫“太阳”的人是三国时期魏国的曹植，就是传说中在帝位之争里败下阵来并当着已经登了帝位的曹丕的面儿“七步成诗”的那位大才子，在他的《洛神赋》中，有着这样的一句话“远而望之，皎若太阳升朝霞；迫而察之，灼若芙蕖出渌波”，翻译成今天的白话文其意为“远远看过去，明洁如朝霞中冉冉升起的旭日；走近观察，鲜丽如绿波间绽开的新荷”，想必这就是曹植心中洛神应有的模样了。

在此之前，我们的祖先根据象形的方式给太阳造了个

名字叫“〇”，这可不是字母“O”，而是用圆圈来表示的太阳，到了商代中晚期，“〇”字中间被加上了一个“短横”或是“一点”，用来表示太阳是有实质中心的而非空心，抑或是古人对太阳神的崇拜，认为其光芒万丈之中必有神在其中坐镇。（支持黑子说的人则认为是古人看到了太阳上的黑子，而当时的文字主要是象形文字，所以才给太阳加上了一笔）这就是我们的祖先对于太阳的第一印象，当时对太阳的认识谈不上“科学”，主要是祭拜和卜算。人类第一次记录下来的日食天象发生在公元前776年，《诗经·小雅》中：“十月之交，朔日辛卯，日有食之，亦孔之丑。”故此可以推算出这场日食发生在周幽王六年十月初一，即当年9月6日早晨。

直到公元前600年左右的春秋时代，土圭的出现赋予了太阳新的意义——定冬、夏至。一根长杆立于地上，在太阳的照射下出现影子，而影子的长短又随着太阳光每天照射角度的不同发生规律的变化，人们在农耕活动中不断总结、积累经验，最终规定出了冬至和夏至的时间，随后发展成为使用至今的作为农牧业活动指导的二十四节气。

值得一提的是，当时的人们都认为地球就是世界中心，太阳和月亮一样，也是绕着地球转的，还因为太阳在不少地方都象征着至高无上的王权，并与宗教有关，人们都将注意力放在保护王权以及通过天象去判断运势去了，故此，在这之后近两千年的时间里，除了阿利斯塔克等极少数天文学家发现了部分日地运动规律，受限于观测设备、方法以及思想原动力等多方面原因，人类对太阳的认识还停滞在“上古”的水平，看来看去也只是看了个“光球”，直到一位堪称“现象级”的大科学家出现。

装备真的很重要

来自意大利西海岸比萨城的伽利略·伽利莱（Galileo di Vincenzo Bonaulti de Galilei），是牛顿物理体系的奠基人，发明了对天文学影响巨大的天文望远镜，开辟了天体观测的新时代，支持哥白尼的日心说，还为同学们贡献了多种有趣的中学物理实验，被誉为现代物理学之父，现代观测天文学之父，现代科学之父，妥妥的科学界“大神”。在太阳观测这件事情上，伽利略以及以他来命名的望远镜的出现，直接把人类对太阳的认知向前推进了几个世纪。

1609 年的秋天，伽利略将一枚凸透镜和一枚凹透镜巧妙地组合在金属镜筒上，制作了一个放大倍数为 32 倍的望远镜，并将它对准了当晚的月亮，这一看可不得了！月球表面的环形山、撞击坑从未如此清晰。第二年，伽利略用这架望远镜发现了木星的 4 颗卫星，这直接证明了哥白尼的学说。在随后的观测中，伽利略更加放开手脚随心所欲，试想，当你能亲眼看到全世界从未有人看到的星体，通过

探索不断发现这个世界运转的“真理”时，该是什么样的心情！

通常的天文观测都是在夜间进行，因为白天有太阳无比霸道地照亮一切，除了月亮外几乎什么都看不到。这次伽利略的目标大不相同，他决定要好好看一看太阳，但只试了一下就果断放弃了，因为太阳实在是太过明亮，别说是观测，太阳光透过目镜被汇聚起来，使物体快速升温，眼睛看一下就会被烧伤。所以，在一段时间之内，伽利略只能在清晨和黄昏，一早一晚两个短短的时间段里去观测太阳，但是无奈还是太刺眼了，据说伽利略晚年时视力下降严重到近乎失明，可能就与这段时间的强光刺激有关。在反复研究和尝试的过程中，伽利略发现在望远镜目镜的后方恰当的位置上放置一个白色的平板，就可以很好地把望远镜中的影像呈现出来，太阳和望远镜就像是一台投影仪，白色的平板就如同幕布一般，将太阳的画面承接在上面，既不伤眼睛也不限时间，只要是白天且晴朗无云，随时都可以观测太阳。这样一来，借助优良的装备和观测方法，伽利略很快发现了包括太阳黑子的变化、太阳自转，以及太阳在不同纬度自转速度不同等太阳活动现象，大大领先同时期的所有天文学家。

伽利略奠定了太阳观测的方法和设备基础，直到现在，通过光学方法观测太阳仍然是获取太阳信息的主要方式之一。

用眼睛直视望远镜的行为极度危险！是严格禁止的！
好的，先生！
好的，先生！
好的！伽利略先生！
太阳光好像在玩捉迷藏稍不注意眼睛就废了！
兄弟，咋啦？
你是不是忘了老师的警告？

哎呀~
亮瞎了！
得想个办法才行！

太阳系第一中年大叔？

经过这样数千年的观测、摸索与发现总结，我们初步掌握了太阳可能的内部结构，以及他现在大概所处的年龄阶段，今年“虚岁”47 亿岁的太阳正值中年，以一己之力扛起了整个星系 99.86% 的总质量，几乎所有的行星、小行星、流星、彗星以及星际尘埃都围绕着太阳公转，绝对算得上是身强体壮的实力担当，无论从哪个角度都堪称星系第一。

但即便是强如太阳，在某些事情上也免不了会有烦恼，比如前面我们讲过的，随着内部燃料的不断消耗，太阳也有他的“生老病死”，也许退了休闲来无事的时候，真的能来客串一把“流浪地球”也说不定呢！而就目前来说，太阳最大的烦恼可能是他自己的脾气了，这位大叔发起脾气来可不像我们普通人，血压升高、呼吸急促，脸红脖子粗地大声喊叫，抑或是肌肉紧张、浑身颤抖、瞪大双眼盯着对方，只要情绪没有失控，一般用不了多久就能够恢复平常。太阳可不行，他的一点点火气就要连续释放几天几夜，还要让全太阳系都知道——“我，现在不开心！”如果是极端到情绪失控，那么包括地球在内的所有太阳系天体，都将面临生死攸关的考验，就连相邻的其他星系，到时也能感受到太阳的怒火。不过还好，一直以来太阳都没有失去过理智，这种情况发生的可能性也是微乎其微的。

第 7 章　注意看！这家伙要发怒了

经过前人的一番探索，人们发现在太阳上也有黑子。来，趁他发脾气之前，我们先来和它打个招呼吧！

“你好！黑子！”

最亮的灯也照不亮的黑子

太阳黑子是出现在太阳光球层的一种现象，在一些特殊年份里几乎每天都能见到它们，黑子在一定程度上反映了太阳的“心情状态”，甚至能够通过它来预测太阳的活动趋势。但黑子彼此之间千差万别，持续时间跨度非常大，有的从出现到衰减再到最终消失不见，整个过程不过数小时甚至更短，存在时间长的黑子能在太阳表面待上好几个礼拜。

黑子是最为常见的太阳活动，通俗来讲就是太阳上能看到一个或多个黑点点，就像是墨滴掉落在白色的画纸上。人类最早的黑子文字记录出现在《汉书·五行志》中：“（西汉）河平元年（公元前 28 年）……三月己未，日出黄，有黑气大如钱，居日中央。”这里描述了这样一个场景：当太阳升起后，人们发现太阳上有一个如同古钱币的大黑斑，而它随着太阳一同升高稳稳地停在太阳上面。这里有一个细节，古人描述他们看到这一景象时太阳的颜色偏黄，这是符合肉眼观测黑子所需的客观条件的，因为当太阳过于明亮时，用肉眼根本无法承受强光的照射，完全看不到黑子，古人观测的应该是刚刚升起的太阳，此时太阳光要穿过厚厚的大气层，由于色散会显得颜色有些发黄，或者是大气中有些阴云和沙尘，这些“障碍物”恰到好处地遮挡住太阳发出的强光，使其表面的黑子一览无余。

黑子的“黑”是由温度决定的，并不真的是因为颜色黑。科学家借助光谱和标准黑体（一个物理学中只吸收光而不发出光的理想物体）成功测量了太阳上的温度，黑子区域的平均温度大约为4500℃，而黑子所在的光球层背景温度比黑子本身温度至少高1000℃，当物体达到一定温度后往往都会发出光芒，也就是说黑子本身其实在一刻不停地向外发着光，并没有偷懒，但是和周围一对比，巨大的温差导致的结果就是黑子没有它周围明亮。当黑子和它所在的光球层一起出现在视野中时，如同是在一盏明亮无比的灯前面遮挡了一张白纸，这张白纸还可以是被剪成特定图案或形状的，透过灯光看去都会呈现出一个黑影，就像很多人都玩过的剪纸皮影。我们还可以从另一个角度来理解黑子的“黑”，光从太阳内部向外传输，在到达光球层底部，准备奔向宇宙的时候，黑子区域的特殊结构就像一片减光镜，阻挡了一部分光线的射出，从而使其呈现出比四周要暗一些的特殊模样。

那为什么整个太阳光球都那么热，偏偏黑子所在的地

方温度低呢？

这就要从光球层下方的对流层说起。

超级拧麻花

在光球层下面紧贴着的是对流层，类似于地球大气中的对流层，这里也有“风吹雨打”的“天气变化”，热闹得很，不同的是这些风和雨都是在一锅粥里面进行的，什么粥？超高温的等离子体一通大乱炖炖成的粥！

在这里，一股股热流中间穿插着比较冷的物质团，热的向上跑，把冷的挤了下去，等过一阵子，又有新的热团冒上来，不停反复，来回翻滚，就和咱们吃早点时煮的一锅粥差不多。

这锅“太阳系第一粥”非常了得！它在太阳自转的驱使下不停地转动，这就有个问题了，因为太阳不是固体，所以，处在不同纬度的各个部分具有的转速也不一样，在赤道这里的转得最快，差不多 25 天就能转一圈，越是靠近两极的区域转得就越慢，两极附近自转一周需要 35 天时间，比赤道附近区域整整慢了 10 天，这种自转被称为“较差自转”，并不是因为太阳自转得不好不认真而得此名，“较差”是“差异”的意思，“差”读一声而不是四声，实际上大多数恒星和气态行星都或多或少处于这种不同纬度对应不同角速度的“较差自转”状态中。随着太阳的自转，每完

哇！你转得
可真好看！

别光看，
你也转一个呀！
还是……
算了吧！

来来来！
Follow me！

成一个自转周其内部的物质就被扭转一些，日积月累，足足熬了46亿年，太阳内部终于形成了一个“超级大麻花”。

对于太阳来说，对流层的特殊结构与活动产生了大量的能量，这些能量以磁能的形势保留并不断蓄积起来，当达到一定程度的时候，就会阻碍对流层中等离子体的向上运动，使得对流层顶和光球层底部缺少热量的补充，这就直接导致了光球层对应区域的温度不断降低，当温差达到一定数值时黑子可能就逐渐显现出来了，这个相对繁复的过程就是目前人类所掌握的太阳黑子可能的成因。

都是磁场惹的祸

我们的地球具有完整的磁场结构，但相对而言，地球的磁场强度较弱，只有0.5高斯左右，与太阳极区的磁场相比要弱很多，只有后者的1/10左右，而在磁力线最为密集的黑子颜色最深的本影区域，磁场强度能轻松超过3000高斯，是地球的数千倍，这个磁场强度能够让你兜里的手机、钥匙等含铁物品隔空飞起来并重重地吸在太阳上，想拔都拔不下来。因为磁场太过强大，如果未来开辟太阳旅游航线的话，传统的磁场导航在这里怕是行不通了。

别看黑子的磁场很强，但它并不稳定，有很多都是典型的“出道即巅峰”，如昙花一现般消散在复杂的太阳大气之中，有的甚至在几小时内就完成了浮现、扩展、稳定、

变形、缩小、减淡、消散的过程，匆忙走完了一个黑子的一生，这对于空间天气预报工作来说，甚至都“不需要”给它作编号。

也有一小部分黑子属于真正实力派，在没人注意的角落里快速成长，并一举实现反超走上“黑生巅峰”。编号12674的黑子和它哥哥12673在2017年9月初决定“搞事情”，我专门记录了那几天里它们的变化过程。当时的《黑子日记》是这样写的：

2017年9月4日

今天凌晨，根据美国太阳监测卫星太阳动力学天文台（Solar Dynamics Observatory，SDO）传回的最新太阳影像显示，太阳表面好像发生了一些事情。咱们来“拉近”画面看看：

“旋转、跳跃，我闭着眼。大家好，我是太阳活动区，也就是太阳黑子啦，地球的空间天气预报员给我命名编号是12674。据前辈们讲，我们是专门给地球制造麻烦的，爆发耀斑‘亮瞎’地球自然不在话下，喷发日冕物质抛射轰击地球也是易如反掌。到9月4日，我已经发展出3个较大的暗核，每一个的直径都超过地球，并且正努力连通彼此。到时候，我们这个黑子群的直径将超过140 000千米，随时都具有爆发M级耀斑的能力哟。”

好了，我们已经知道12674的来龙去脉了。而在它的“下方”，我们还能看到一个小黑点儿。在9月2日的时候，还显得非常不起眼。直到UTC时间（世界统一时间，比北京时间晚8小时）9月3日3时左右，这颗小黑点儿突然开始了“生长”，短短数小时的时间里，从一个小圆点儿变得“手脚齐全，头脸俱在”，俨然一只……等等，你确定不是从电影《怪兽电力公司》里跑出来的大眼睛麦克？作为12674的大哥，这个12673号黑子确实有点儿与众不同。

这期间，空间天气科学家们一直在密切关注着黑子群12673，希望能够通过观察这个“小捣蛋”，看出太阳内部隐藏活动的一些端倪，从而对未来的太阳活动以及可能给地球造成的影响作出预判。目前，12673号黑子面积的增长速度仍然很快，对其内部的磁场结构还在分析当中。大眼睛麦克，想在太阳上搞事情是不是？我们都会盯紧你这个“小捣蛋”的！

2017年9月5日

昨天我们给大家分析了由SDO拍摄的太阳监测画面。太阳活动区12673在一天之内发生了较大变化，面积不断增大，磁场结构变得更复杂，所拥有的磁场能量也在快速累积，随时都有爆发M级耀斑的可能。

结果，过了还不到一天，12673又变身了，而且是“跳变”。在刚刚过去的两天内，这家伙的面积快速扩大了数十倍，一举超过它的小兄弟12674，成为2009—2017年最

大的太阳黑子。

在经历了一系列快速变化之后，它的势力范围变得更大，又联手了周围原本分散着的几个较大的黑子群。这些温度超过4000°C，磁场高度集中、扭曲的区域，就是太阳表面潜在的能量集中喷发的区域。可以说，只要这个“小捣蛋”高兴，它随时可以正对着我们的地球来一次M级耀斑，即一次能量超过一千万颗百万吨级当量核弹一同爆发的超级闪光。可别小看这个1.5亿千米外的闪光，能量超高的射线（包括紫外线、X射线、γ射线和高能带电粒子）也会随之而出，直接影响地球的近地空间环境，对卫星以及全球导航和通信造成影响。

所以，“小捣蛋”，你要挺住啊！快快恢复理智！不要再“长大变身”了。

2017年9月6日

坏消息：据SDO拍摄到的太阳监测画面显示，北京时间9月5日凌晨4时左右，太阳活动区12673爆发日冕物质抛射，在此之前约1小时，该活动区爆发了强度达到M4.2级的耀斑。

预计受此次太阳活动影响，9月6日至7日，可能发生小磁暴甚至中等磁暴；而在过去24小时，广州地区TEC（电离层电子浓度总含量）出现正向扰动，预计明后两天，电离层还将出现较长时间的扰动；地球同步轨道能量大于

2MeV 的高能电子通量处于较高水平。

为什么远在 1.5 亿千米外的太阳，它上面的一个“小点点”的活动竟会对地球造成如此之大的影响呢？原因有几方面，通俗来说就是：第一，能量大，太阳是一颗巨大的由炽热气体组成的星体，其质量是整个太阳系的 99.86%，它所蕴含的能量更是大得惊人，维持地球上所有生命存活的能量只是太阳向外辐射总能量的 22 亿分之一，那么，即便是太阳表面一个不大的区域爆发的活动，其所释放的能量量化起来也是天文数字；第二，太阳活动区爆发的耀斑中包含各种波段的射线，其中的 X 射线、γ 射线和高能带电粒子等，都是一群能量高、穿透力极强的家伙，这么多的射线一股脑儿地射向地球，后果可想而知，尤其是对于卫星、通信以及导航设施而言；另外，日冕物质抛射一次性抛出的大量高能粒子以较低速度（每秒几百千米，和耀斑比已经很慢了）浩浩荡荡地穿越行星际空间，如果迎面撞上或是接近地球，这若干亿吨的物质会对地球磁场产生类似挤压气球一样的效果，直接造成地磁暴的发生。

那么，那个“小捣蛋”现在到底怎么样了呢？是不是爆发了日冕物质抛射后就像点燃的烟花一样消失殆尽了呢？答案是并没有。这家伙不仅没有停下来的意思，反而更加“张牙舞爪”了！不过，这正是太阳黑子本职的日常工作嘛！

2017年9月7日

北京时间9月6日下午6时和晚上8时，太阳活动区12673分别爆发了两次X级耀斑，第二次更是达到了X9.3级的高强度，一举打破了自2005年以来保持了12年之久的太阳耀斑强度纪录。这个初期毫不起眼的小黑点，只用了不到4天时间，就上演了完美大逆袭，超越太阳活动区12674登上“黑生巅峰”！

本次爆发的耀斑为X9.3级，这是什么概念呢？相当于把地球上所有核弹堆在一起，再引爆十万次所产生的总能量。按照现有能源消耗量估算，大约够地球用上百年之久了。历史上，人类通过卫星准确监测到的最强耀斑是X28级（编号10486黑子爆发），也就是发生在2003年万圣节期间的有着“万圣节风暴”之称的著名的太阳风暴袭击地球事件，太阳的这次爆发直接“打翻”了多颗卫星，多国电网出现问题，我国满洲里地区的短波通信也因此中断5小时，因通信故障给地球居民造成了巨大的经济损失。

在这两次X级耀斑爆发后，地球空间环境发生较大变化，电离层扰动和地磁暴将不可避免，相应可能造成短波无线通信信号中断，军用、民用航空通信，全球定位系统信号，甚至部分依靠卫星通信的手机和银行自助取款机都有可能受到干扰，这也只普通大众可以直接察觉到的影响。另一方面，大量的高能粒子辐射将会威胁宇航员和航天器的安全，卫星上的电子设备如若发生故障则很可能永久丧失工作能力。

而实际的影响还不止于此，大量高能粒子预计将在一至两天后到达地球。受此影响，地球磁场将发生较强地磁暴过程，导航设备出现较大偏差，信鸽用户应适当修改赛训安排，减少不必要的丢鸽损失；距离地球数百千米高度的大气密度将会增大，影响航天设备的轨道高度，如若不及时修正会直接影响其轨道寿命。

不过，这个时候也有一批人会兴冲冲地揣起装备往外跑，他们就是有着“极光猎人”之称的极光摄影师。对于他们来讲，太阳活动之后的数天，就是极光绚烂表演之时！

未来，太阳活动区12673仍具有再度爆发的潜力，这颗不只满足于搞点小事情的“小捣蛋”，成功吸引了全球航天机构以及空间天气预报员的注意。

爆发的时刻就要到来，黑子45°抬头望向太空说：

“我就要出发了，能不能为我演奏巴赫的‘Air on the G string（G弦上的咏叹调）’？”

太阳头也没抬，继续看着手里的平板电脑：

“不过是一次普通的黑子爆发，你这么伤感做什么！”

黑子：“你还不明白吗，一旦我爆发后人们也就不再关注我了！”

Z
Z
Z
Z
Z
Z

看，那家伙又转回来了！
嘘，小点声！

太阳一边的嘴角不易察觉地挑了一挑：

“我已经把能爆发的能量都交给你了！对不对？”

“但是……”黑子还想说什么。

“对于地球上的人来说，你可一直都是他们眼中的焦点，一天不少地连续观测你已有 400 年了。”太阳轻轻放下手中的平板电脑，站了起来。

黑子听到这里一愣，仿佛意识到了什么，等反应过来的时候，太阳已经走远了，只留下一台平板还在播放着视频。

“咦？”黑子轻轻拿起平板，“这，竟然是……”

堆积的情绪再也无法控制，化作最明亮的光辉散播到太阳系的每一个角落

《真心为你——黑子》

11 年——太阳活动的周期

17 世纪初，意大利天文学家伽利略日复一日观测太阳的同时，非常注意对数据的记录，所以，他不光记下了黑子的出现时间、位置，还将它们绘制在图纸之上，当这些画上黑子的“作品”越来越多时，伽利略有了新的发现（所以你们看，拥有一门拿得出手的艺术技能对于在科学领域有所成就也是相当的重要）：黑子们在太阳上所处的位置规律地变化着，并非固定不变。这个发现使伽利略推断出

黑子是出现在太阳上的一种天象，并不像当时的天文界所判断的那样，认为黑子是太阳和地球之间或者是地球大气中的某种云朵，因为隔挡了太阳光而显现的黑斑。

19 世纪，德国天文学家海因里希·施瓦贝（Samuel Heinrich Schwabe）连续对太阳黑子进行了长达几十年的观测和记录，终于有了重大的发现：出现在日面上的黑子数目会随着时间的推移呈现出明显周期性的增加和减少，尽管发现了这一规律，但当时的人们还无法解释这一现象背后所蕴含的原理。

时间来到 20 世纪初，随着基础科学的不断发展，尤其是电磁学、原子物理等学科理论出现新的突破，太阳黑子这一天体现象终于有了物理本质层面的解读。1908 年，美国天文学家乔治·海尔（George Ellery Hale）发明了一种新的太阳观测仪器，可以借助塞曼效应来测量太阳上的磁场，他发现太阳黑子区域的磁场非常强，尤其是大黑子的磁场，比地球磁场要强数千倍。现在我们知道，正是黑子的强磁场抑制了等离子体的热对流，使得黑子的温度低于周边区域，于是就显得比较黑了。这一发现使得太阳活动、黑子、磁场三者完整地联系了起来，太阳活动多爆发在活动区，活动区对应着黑子的外在表象，而黑子的内部能量纠缠则是磁场的作用，所以，黑子数的周期性变化对应着太阳磁

场的变化，而太阳磁场的变化从根源上导致了太阳表面活动的强弱变化，因此，人们就以黑子数目的周期性变化来定义太阳活动在较大时间跨度上的变化情况，并称其为太阳活动周。

通过 400 余年观测得出的太阳黑子观测记录，我们认识到太阳活动周的长度大致为 11 年，较短的活动周只有 9 年左右，而较长的活动周则可以持续 13.6 年。在一个太阳活动周中，黑子数最多的年份被称为太阳活动极大年或峰年，黑子数最少的年份被称为太阳活动极小年或谷年。在太阳活动极大时，日面上会有很多黑子出现，如果把这一活动周内所有的黑子数进行数学处理，由此得出一个称为太阳黑子相对数的统计量，就可以用来代表这一太阳活动周的强与弱，一个强活动周的黑子相对数量最大值可以达到300左右,而弱的活动周则只有不到100,两者差了近3倍。

在一个太阳活动周内，太阳活动水平的变化也是非常大的。几个黑子同时出现在日面上，各自舒展筋骨、频频变幻着，同时，还不忘了彼此联动、分分合合，好不热闹，这是太阳活动极大时的常见情况。而当太阳活动进入极小期，日面上常常连续数天一个黑子也没有，平静得和之前完全不像是同一个太阳。比如 2019 年这一整年里，有 281 天太阳面对地球的这一面是完全没有黑子的，如此的“带薪休假”，试问太阳系还有谁？！

过分了啊！
就是！
这不合适吧？
就是呀！
太阳本年度
带薪旷工281天

太空"呆"
131天
…
…

太空“趴踢”30天

技能前摇
120天

以 2021 年为例，刚刚结束了第 24 太阳活动周，正处在第 25 太阳活动周的上升阶段，而第一个太阳活动周是从 1755 年初算起的，回过头来看，第 24 太阳活动周明显比它的几个前辈要柔弱一些，太阳黑子相对数量最大值只有第 21 周的一半左右，那还有没有比它更弱的活动周呢？我们顺着历史记录往前一路寻去，22，21，20……终于有了，110 年前的 20 世纪 10 年代，第 15 太阳活动周，能和它穿越时空的比一比谁最弱。

那是不是整体偏弱的活动周里就不会有大的活动了呢？当然不是的，即便是太阳“休假”中也不能放松对他的监测，因为他随时会“翻脸”，速度之快堪比川剧“变脸”绝活。

2017 年 9 月初，正是太阳第 24 活动周逐渐走入低谷的阶段，但就在这个时候，看似平静的太阳却在酝酿着一场大的事件。在短短的一天时间里，原本小小的毫不起眼的黑子群（正是前面说的编号 12673）在日面上迅速成长起来，很快就具有了爆发的潜质——面积大、磁场结构复杂、时刻变化，最终，它“不负众望”地爆发了第 24 太阳活动周最强耀斑和日冕物质抛射，这些爆发活动都给地球造成了一系列的影响。随着第 25 太阳活动周的开始，预测他可能的活动情况也提上了日程。关于活动周预测的方法比较多，有通过整理和分析过去数百年黑子数变化，从而找到时间尺度上太阳活动周规律的；也有通过对太阳极区磁场、子午流等的观测，借助对观测数据的处理分析来寻找太阳活动深层次的物理过程，从而判断太阳活动周强弱的。不同预测方法对应的结果常常是不同的，与最终的实测结果往往也有明显差别，现阶段想要准确预测太阳活动的精确动向还是很难的，只能是把握一下大的方向。在历史上曾经有一段时间里，太阳变得如同睡着了一般，从 1645 年到1715年长达70年的时间里，太阳上很难看到黑子的踪影，仿佛他一直处于太阳活动极小期中，这段黑子数异常少的时期被称为蒙德极小期。当然，黑子数异常少并不是说太阳真的休眠了，黑子的减少意味着太阳表面的活动变弱了，但是太阳核心区域的核聚变反应仍然照常进行，所以在蒙德极小期太阳也没有停止发光发热，否则一切地球生命早已灭绝了。

太阳零黑子！地球新冰河期将至？

这是一个在网络上经常出现的“说法”，往往还会煞有介事地做一番分析，比如说太阳黑子是太阳活动的一种重要体现，它的数量变化直接反映太阳活动的整体水平，所以，太阳表面一旦没有黑子出现，并且这种情况能够连续一段时间，就意味着太阳活动要走下坡路，地球也就将被动“全球降温”，新的冰河时期将再度降临地球。粗略一看写得挺有逻辑，列举的数据和图表也是事实，好像挺有道理！但实际上这是一个“伪概念”，完全不是科学的结论，那么有关“太阳零黑子，地球将迎新冰河期”的说法到底是怎么回事呢？

让我们回到2016年6月底的一天，这一天是“谣言”汹汹来袭的日子，我们主动迎击！

根据 SDO 拍摄的照片来看，太阳对着地球的这半个球面确实已经连续 7 天（截至 2016 年 7 月 1 日）没有可编号活动区了，这就意味着太阳上一个黑子都没有。那么是不是就会造成一系列的比如地球进入寒冷的冰河期的严重后果呢？答案是否定的，因为在太阳活动周的低年时间段内，出现连续没有黑子的情况其实是很正常的。

太阳表面活动区减少甚至完全没有，这本身就是太阳活动的一个特点，通俗地说就是“人家当初就是这么设计的”。在前面一节我们知道了，太阳的活动是有规律的，以 11 年左右为一个周期，黑子数呈现高低起伏的波浪曲线。自 2013—2014 年太阳活动达到峰值的高年之后，太阳活动的“频率”和“幅度”逐渐降低，相应的最直观的体现就是黑子数减少了，根据科学家 2016 年作出的判断，在第 24 太阳活动周内，太阳活动的最低年预计会在 2019—2020 年出现（与实际情况基本相符），所以，从 2016 年一直到这个时间节点上，太阳黑子出现的情况会越来越少，甚至是连续数周零黑子的“白板”太阳都是可能的。比如 2010 年 12 月就曾出现过连续一周零黑子，还造成了挺热闹的讨论，甚至有人联想到“2012 末日传说”！

太阳黑子是真的少了，带来的变化也是显著的。首先是活动区对耀斑的能量支持减少了，这就是釜底抽薪啊，耀斑没有了“起爆”的炸药自然而然爆发的可能性就大大降低了；另外，有太阳海啸之称的日冕物质抛射现象也在很大程度上需要太阳活动区内磁场的持续供能，现在一下子切断了能量管道的总阀门，太阳只得安静下来。但要特别注意的是，太阳活动的减少并不意味着太阳总辐射量的减少。

在太阳活动水平不同的高年和低年中，太阳向外辐射的总辐射量相差很小，根据最近50年的数据显示，太阳活动年辐射变化小于0.1%，这就意味着地球所接收到的太阳辐射量并不会因为太阳活动趋势的变化而出现明显波动，地球更不会因此而发生全球性的温度骤变。

那现在就很清楚了，“新冰河期”一说肯定是没有的了，如果说有，也只是专门针对太阳黑子而言的“冰河期”，这和地球的环境以及地质年代变化完全是两个概念。

被这一言论吓坏的“金花鼠们”不用紧张了，你们爱吃的橡树果有的是，足够你们储存起来应对每个冬季。

按照惯例我们小小反转一下，太阳活动低年中，太阳黑子数低，耀斑和日冕物质抛射发生的频率大幅降低，看似安详静谧的太空反而变得不那么太平了，空间天气的变化较太阳活动高年是一点儿也没有减少。首先是来自太阳的极紫外线辐射降低导致地球高层大气出现温度的下降，其中一部分大气会被太阳风剥离，相比平时，太空垃圾更

容易堆积在高层轨道上；另一方面，太阳大气边界的日光层也在太阳活动低年时向内收缩，这样一来使得进入太阳系的宇宙射线强度不减反增！这对于乘坐飞机出行是个坏消息，根据美国空间科学家的实地测量结果，太阳活动低年时穿越美国本土的一次飞行所受的辐射剂量达到一次牙科 X 光片的 2 ～ 5 倍！

第8章　当心！“不祥”的“一只耳”

稍微“上点儿年纪”的大朋友们应该记得《黑猫警长》，每集结尾都“啪啪啪啪”出现四个大字“请看下集”，可第五集之后，黑猫警长帅气无比的这一别之后竟是再无下集。

其实当我幼儿园毕业之后就一直在思考这个问题，会不会是一只耳这个主要配角躲到太阳上去了，所以就没有下集了？

哎，虽然这只是年幼的我想象的一种可能，但是太阳有时候真的会变出一只大“耳朵”！还是会走来走去的那种耳朵。

说着说着它就来了——你看，那一坨太阳物质在“跑”！

太阳长期以来都是以一个非常接近完美的球体形象出现在人们面前的，直到我们发现了隐藏在超高亮度光球层压制下的色球层，这里经常会有一些“特立独行”的太阳物质，在神秘力量的驱使下慢慢被抬离太阳表面，早期的天文学家在观察这些刚好出现在太阳边缘的未知物质时，总会联想到太阳这个又圆又大的“秃脑袋”上长出了耳朵的样子，久而久之，这种现象就被称为日珥了。“珥”这个字表示用珠子或者玉石做的耳环，日珥和它真的很像。

其实相比日珥，更多的时候我们叫它暗条，假设一个暗条长期存在于太阳表面达到一个太阳自转周（27 天），那么这家伙会有一半的时间处在太阳“背面”，这段时间里我们都看不到它，剩下的 13 天半时间里会有两个特殊的“日子”，那就是当它恰好出现在太阳一左一右的边缘位置上，此时会呈现出“悬浮”于太阳之上的模样，也只有这个时候我们叫它日珥，其余时间都是以暗条称呼的，因为它投影在太阳表面显得较暗。

这股被太阳高高托起的“幸运的物质”其实是等离子体，在经过了对流层各方磁场的角力与比试，通过光球层黑子区域的接力运输后，一股磁场力到达了色球层。由于等离子体的运动受电磁场控制的同时又呈现出气体的特点，于是，借助神秘力量的帮助，等离子体团越升越高，距离太阳表面数万千米甚至更高，以至于从地球遥望过来都能看到太阳表面慢慢隆升起来。除了高度高这一特点，日珥的

长度也非常惊人，曾有记录显示日珥的长度能达到百万千米，这可真是太阳系最大的一只“耳朵”了，同时也从另一个角度反映出太阳磁场力量之巨大。

日珥还有一个本领那就是“移动”，借助太阳的自转，它会由初始的靠近黑子的位置向着高纬度地区慢慢移动，甚至还会根据其下方磁场的突然变化，快速地出现形态的改变，如同一条巨龙在扭动身体。最新的研究发现，日珥与太阳表面相连的一头一尾就像是两只“脚”，也会随着太阳内部的活动而时快时慢地来回“踱步”，是不是很滑稽，一条蜿蜒百万千米的巨龙却有着一头一尾四只小脚丫，远远看去一派庄严稳如泰山地缓慢移动着，与此同时，脚底下可是丝毫不含糊，马力全开地飞奔向前，尽管累得够呛，但还是故作平静，不带一丝表情。

“七〇”“八〇”后（威武庄严的神龙就此一去不复返了……）

别怕，我们还有小龙人儿！

最后要告诉大家的是，日珥 / 暗条还会“快闪”，也就是突然消失不见，这时就要提高警惕了，因为这代表日珥 / 暗条下方的磁场蓄积的力量突然爆发了，导致这些被磁场束缚住的物质一下子被向外抛出，一股脑地消散出去了，如果恰好击中地球的话，一场地磁暴将在所难免。

第9章　快闭眼！有“闪”！

记得那是21世纪的头几年，我第一次在电脑上运行第一人称视角的射击游戏，真实的人物建模与武器画面，配合动作与方位不停变化的音效，还有那令人全神贯注一眼不差盯着屏幕的紧张对战，很快，这部游戏风靡街头巷尾，与同学好友一起组队战斗也成了那时最火爆的活动，时不时出现在战斗中的一声大喊“闭眼——有闪”也成了著名的嘲讽“菜鸟”的专属暗语。

每每回忆起这段往事，我就忍不住联想到太阳，这与太阳也时不时就制造强烈闪光有关系，但是本质上不同的是，射击游戏中的“闪”指的是闪光手雷，作为战场打击的一种辅助手段，是在配合团队进攻战术或是紧急撤退时使用的，太阳的“闪光”则是他拿手的攻击地球的手段之一——耀斑。

在黑子区域高度集中的复杂磁场环境中，同时存在着的各方磁力线彼此交织扭曲地纠结在一起，谁都想独自占据这个区域，成为控制黑子活动的一方霸主。

磁环A跟B说：“你别抓我这么紧呐，我的脚都快失去知觉了。”

B也很委屈：“不是我不松开，是C一直在薅我头发，

不抓着你我就掉下去上不来了！”

C擦了擦脸上的汗：“不好意思啊！我都不知道是谁在拽我，反正咱们这样也挺好，谁也别想冒到最上面去。”

不知不觉的，其他几股磁场力量也摸上来了，三下五除二，很利索地把A、B、C三个家伙给按到下面去了。

透过望远镜和特殊的滤镜就能够看到太阳黑子区域上空的热闹景象，一个个像小拱门一样的磁环时不时地竖立起来，相互拥挤着吵闹着，过不了多大工夫就又都消失不见了。

正当大家伙争得面红耳赤的时候，一个巨大的磁环逐渐生成，可能是一个新生势力，也可能是来自之前无数被“淘汰下去”的磁场力量重组而成的，总之，这家伙气场极为强大，沉稳中暗藏着力量，无声中透着威严，一群小磁环闪躲不及，被它轻描淡写地扑压过去，仿佛被吸收了一般，一点儿痕迹都没有留下，而它也像什么都没发生过一般，从不回头看上一眼。

“当心，大家伙来了！”一个磁环还没说完就被压了过去，“咱们怎么办？”其他几个慌了神儿，不知所措。

“如果你还想爆发，而不是被它吞掉的话，只有一个办法！”一个相对大一些的磁环仿佛意识到了什么。

“你说的可是要拼上你的全部去搏一下？”

“没的选，磁重联，只有这一招了！”大一些的磁环决心已定。

这个名叫决心的磁环调整了一下自己的位置，挡在了巨大磁环运动的路径之上。说时迟那时快，两个磁环相撞了，只见原本各自反向的磁力线激烈地撞在一起，最外侧的磁力线被快速地撕裂开来。

“完了，决心这回也要完了”，其他小磁环低下了头，眼睛里似乎闪烁着什么。

“等等，你们看！”

决心没有被吞噬，就在它被撕开的磁力线位置上，出现了神奇的一幕，巨大磁环停下了移动的脚步，张开了原本层层紧闭的磁力线，并一条一条的和决心的磁力线重新联结在一起，与此同时，积聚已久的巨大磁能开始向外快速释放，伴随于此产生了极强的发光和放热过程。

“成功了！”其他小磁环一边欢呼着一边加入此次磁能的大爆发。

在失去知觉之前，决心感到它变成了一个与之前方向不同的新磁环，最终，它会成为太阳系最为耀眼的闪光，而且，它将不记得它为这个黑子区域的成功爆发所做过的一切。

刚刚我试着复盘的这场轰轰烈烈的太阳局部活动就是耀斑爆发之前所发生的事，简单概括起来就是磁场能量的不断累积，到一定程度后会出现磁重联过程来打破之前的平静，最终磁能在一瞬间爆发而出，此时会产生能量高、速度快、波长范围极宽的巨大闪光。和黑子现象类似的是，

耀斑也是磁场相互作用的结果。

一般而言，由于太阳的光球层太过明亮，同时，耀斑中可见光波段的光不足以超过背景亮度，我们无法用肉眼看到太阳耀斑的发生过程，需要借助特殊的滤波器，让耀斑光波中能被监测仪器清楚看到的部分通过，并尽量过滤掉仪器看不到的部分。以空间观测太阳耀斑常用的极紫外望远镜为例，它所使用的滤波器“过滤”光波的能力非常高超，能够从被平均分成 10 亿份的 1 米宽度上准确地找出其中一份，而这一份的波长宽度我们称为 1 埃，这个长度单位非常非常的小，我们所熟悉的纳米已经小到肉眼看不到了，而 1 埃仅为 1 纳米的十分之一。空间太阳望远镜在观测耀斑的时候就是通过这样的滤镜，只让波长是 131 埃这一最能展现耀斑活动的光进入镜头和光电探测器，将除了 131 埃波长之外的所有光全部过滤掉，如此一来，就能清晰地看到耀斑的模样了。

不过，也有“打破常规”的时候，1859 年 9 月 1 日，英国业余天文学家卡林顿在自家后院里日常观测太阳时，出乎预料地发现，望远镜中的大黑子附近突然出现了两道耀斑的白光。白光过后，他看到在太阳表面有两个月牙形亮斑，如此的景象在以往的观测中从未出现过，现在看来，这两道白光应该就是白光耀斑的爆发所致。

此时的他还不知道，他看到的正是人类有记录以来最强的太阳活动事件，将给近半个地球带来一系列影响，让从北极圈到赤道附近的人们同时看到了太阳带来的极光表演，令当时几乎所有远距离电报通信业务陷入混乱与停顿，人类第一次正式领教了太阳风暴的威力，最终，此次事件由第一个观测者卡林顿的名字来命名。

随着我们对宇宙的认识不断深入，尤其是对恒星不同活动的逐渐了解，我们发现除了太阳日常爆发的耀斑之外，还有一种极其稀少但威力大出若干数量级的超级耀斑在威胁着我们。

提起超级耀斑这个概念还要从美国发射开普勒太空望远镜开始。2009 年，开普勒太空望远镜发射升空正常工作以后，捕捉到来自别的恒星的“能量”，这些能量以类似太阳耀斑的形式穿越其他星系最终传播到太阳系，科学家计算后发现这种耀斑的能量超过人类观测到的所有太阳耀斑，包括最著名的卡林顿事件以及 2003 年万圣节风暴中的耀斑过程，堪称“超级”二字。

卡林顿事件刚刚我们简单介绍过了，在一段时间内，太阳连续“实施”耀斑、日冕物质抛射等强爆发，在经过 1.5 亿千米的星际穿行后击中地球，带来超强地磁暴和几乎半个地球都可见的极光，如果与最近 20 年间发生过的最强

太阳活动比较，卡林顿事件中太阳所释放出来的能量大概是前者的十数倍，制造的地磁暴直接超过了仪器的测量范围，但是，如此强大的输出在超级耀斑面前简直不值一提。

根据太阳物理科学家的估算，超级耀斑的能量是卡林顿事件的万倍甚至更高，如果它释放的能量击中地球，可就不是地磁暴这么简单了，整个地球的磁层会被“挤扁”“拉长”，可能连大气层都会被“烧得千疮百孔”甚至“吹跑”，在如此巨大的变故下，地球上的一切生命都将受到严重威胁。

但是，我们太阳的脾气比起那些系外恒星要好不少，它自己的磁场能量也很难累积到这种程度。尽管如此，科学家还是将太阳在未来可能爆发的超级耀斑视为对地球的头号威胁，因为太阳脾气虽好，也禁不住有外界的刺激——比如超级彗星（直径达到几十千米的超大彗星）的撞击。我们在空间天气太阳监测图上经常看到的掠日彗星，就是一些危险的“小家伙”。假设，有一枚个头很大的彗星正在宇宙中自在地飘荡着，它戴个墨镜，惬意地听着音乐晒太阳，不知不觉间睡着了，突然！它被一股后背传来的炽热惊醒，发现自己正以极高的速度冲向太阳，由于整体体积大、质量大，彗星内部的核心没有在撞击前被太阳风“吹散”“烤化”。

当它俩结结实实地撞在一起时，就像给太阳这颗大气球猛地打了一针，受到外界巨大撞击力的冲击，太阳内部的能量仿佛一下子有了出口，洪荒之力咆哮着奔离它一直以来的束缚——太阳。超级耀斑释放的能量物质一路穿梭在行星际空间里，水星还没反应过来是怎么回事就没“水”了；金星被吹成了“全”星；地球还好，基本没少东西，就是大气层被吹没了——这是科学家对超级耀斑爆发所做的模拟结果，我们赖以生存的大气层，被彻底吹散在星际空间。

这段看似电影灾难片情节的场景是实实在在有可能发生的。科学家利用开普勒太空望远镜2009年4月至12月的观测数据，以银河系中离地球数百至上千光年的约8.3万颗大小和表面温度与太阳类似的类太阳恒星为对象，分析了这些恒星每30分钟亮度的变化。结果发现，有148颗类太阳恒星的表面出现过365次超级耀斑，并估算出超级耀斑的发生频率是500年到600年一次。

那么太阳到底有没有爆发过严格意义上的超级耀斑呢？目前看来是没有的。

不过，在公元775年，太阳爆发了一次小型超级耀斑，极强的辐射轰击大气产生大量的放射性同位素碳14，通过测量，人们估算此次爆发的能量比人类进入太空时代以来所观测到的最强爆发还要强10～100倍。但为何这么大的一次太阳事件却在全世界历史资料中没有记载呢？这就是命运的安排了，我们可以试想，如果这次准超级耀斑发生在人类社会高度文明的电子时代而不是文明程度相对原始的唐代，如果这次灾难过后还有人类得以幸存的话，如果人类文明得以延续下去，可能在数百年后的教科书中会提到“这是人类有史以来遭受的最大灾难，我们用了数百年时间来消除它对我们的影响”。

第 10 章　怒发冲冠才是他的日常

根据以往的统计数据，在一个太阳活动周过程中发生中等强度以上的耀斑次数超过 2500 次，其中超过 X 级的强耀斑接近 200 次，如果把这些耀斑的能量都换算成核爆炸的话，那么在这 11 年左右的时间里，把太阳耀斑的能量都集中到地球上来能够轻松毁灭地球一万次以上。

注意！这可不是太阳“集结各方兵力”，认认真真地摆开架势对地球“发动攻击”，而是人家极为随意地“顺便为之”，就制造出如此惊人的能量和对我们而言灭绝一万次的严重后果。

尽管我们日常看到的太阳是如此的“温暖可亲”，尽管在夏季有些“热情似火”，尽管他在宇宙一众恒星中真的只算是毫不起眼的“一小只”，但这也不能改变他的日常状态——在一片上下飞舞中时不时闪过几道亮光，在滚滚红尘中努力向外舞动着焰火的“怒发冲冠”。

第三部分

太阳海啸——灭霸的响指

假设这样一个场景，夏天，天还没亮你就被屋子里的闷热提前“叫醒”了，奇怪家里的空调怎么自动关机了，你迷迷糊糊爬起来去开灯，不亮，摸黑找到手机点亮屏幕却发现没有信号，一直在不停搜索蜂窝网络的手机在微微发烫，电量也用掉了一大半。你有点慌了，赶忙拉开窗帘打开窗户，熟悉的小区漆黑一片，只有几盏应急灯的白色光柱在紧急出口绿色图标的反射下努力照出这里原有的样子，而在远处的天空中一股股奇怪的红绿色光带不断变化着、舞动着。

这到底是怎么回事？大家都被这种“诡异的寂静”给弄精神了，大街上时不时跑出来一些人，互相打听着发生了什么事，楼道里传来邻居的声音，你下意识打开了笔记本电脑，却发现因为停电路由器关机根本就没有网络，人人都想搞明白到底是怎么一回事。

远处不断传来警笛声，大家都挤在各家的窗户旁或阳台上，尽管屋子里闷热得厉害，但是谁也不敢贸然离开家到外面的漆黑世界中去。

此时，地球另一端的情况也没好到哪儿去，尽管是在白天，全城突发的大停电还是令人们措手不及，办公大楼里的职员丢失了还没来得及保存的文档，老师努力平息着自己的不安同时还要安抚整个班级的学生，最新数码产品的万人发布会现场一片混乱嘘声不断，整个城市的交通信

号和指挥系统停止工作，移动通信和无线电信号中断，交通事故数量陡增，公安机关增派人员试图维持社会稳定。与此同时，医疗急救单位启动自主发电系统勉强支撑工作，信息与数据核心进入灾备紧急状态，正在交易的股票金融市场大停盘，恐慌无助的人群涌上街头，出于心理上的自我安慰与保护的本能谣言开始流传，甚至有人趁乱打劫，军、警、法人员全面出动。

与此同时，在距离地面数百到数万千米的太空中，无数卫星和人造航天器陷入异常，轨道高度断崖式下降，运行控制部门大厅里不停传来飞行姿态警报的蜂鸣声，星地通信与数据传输出现故障，卫星载荷与设备损坏被迫停机或休眠自保，宇航员出舱辐射风险等级超过安全阈值，一切任务中止，人员紧急进入应急避险舱室，部分低轨卫星不受控制再次进入大气，地面上不知所以的人们还以为是一颗颗火流星划过天际。

地球上的情况进一步恶化，短波通信大面积无法使用，近三分之二的航班停飞，无数飞机在机场上空盘旋等待紧急降落，因高度信息失常和调度混乱造成进场航班数次几近相撞。大型船舶和远洋轮船导航与通信系统失灵，近亿万吨重要货物滞留海上，铁路方面在全球超强地磁暴的影响下不得不停运，最终，全球交通网络在不断蔓延的能源和通信阻断中陷入大瘫痪。

开始的混乱一过，在一些国家和地区紧跟着爆发了资源与能源危机，国际社会原本敏感的地区摩擦进一步增多，甚至升级为小规模军事争斗，随时有爆发战争的风险。

在随后的数周内，联合国启动多项紧急预案，世界各国合力维持区域形势稳定，努力避免一切可能的战争，并全力恢复社会基础设施的正常运转。数月后，全球秩序逐渐稳定，各国的政治经济活动得到初步恢复，人们积极自救的同时也重新投入到生活与生产中去。若干年后，与之前相同水平的科技与技术装备再度装备使用，全球经济倒退到几十年前的水平……

科幻作品中的大反派“灭霸”带上“无限手套”后所打出的一记响指，半数宇宙中的生命无论是何形式皆在一瞬间化作乌有。而前面这一场“想象中”的全球劫难却完全是基于历史事件的延伸，是科学家根据过往真实发生的太阳风暴数据和对全球人类活动的影响力综合之后作出的判断。

那么距离我们 1.5 亿千米远的太阳是如何做到让全世界都陷入混乱的呢？现在就让我们来复盘一下，并把时间轴拉长，逐段逐帧慢动作重放。

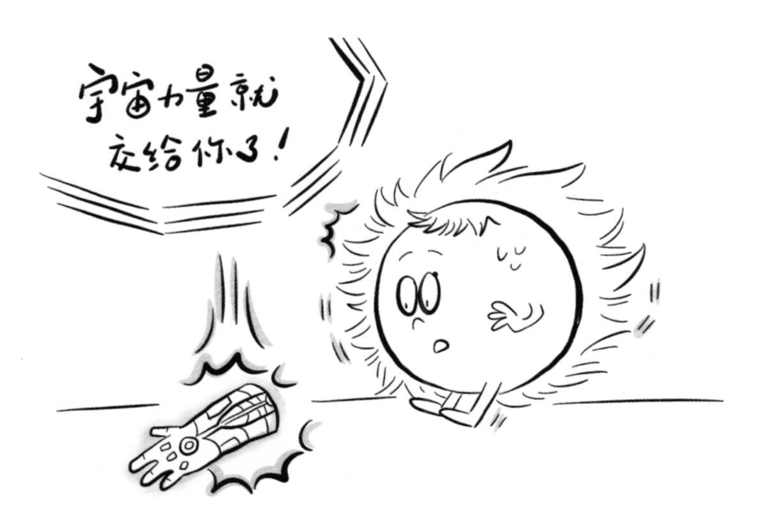
宇宙力量就
交给你了！

打一响指
啪

第 11 章　8 分钟，只是热个身的“先头部队”

从太阳上某一处开始出现能量的集中，“爆发”就被按下了预约键，倒计时开始。

起初，在磁场的控制下这些裹挟着巨大能量的太阳等离子体还勉强被制约着，时不时弓起身子想要从太阳表面“突破”出来，不过很快就被其他强大的能量团给挤了开来，就这样不断进行着汇聚、突起、减弱、重组的过程，直到这股力量大到太阳磁场再也束缚不住它，耀斑如同在活动区上方耸立的巨大雕塑，闪耀着光芒的同时也在宣告爆发的正式开始。

这个全太阳系最强闪光集中了之前积蓄的部分能量，按照一次释放过程所产生的能量大小可分为 5 个等级，由小到大分别用字母 A、B、C、M、X 来表示，每个等级之间相差 1 个数量级，比如 C3 级的耀斑就与 M0.3 级的相当。

与其他太阳活动过程相比，一次耀斑持续的时间不长，大约数分钟到数十分钟不等，但它所包含的“光的种类”非常丰富，从波长很短能量很高的 γ、X 射线一直到波长达到数千米的射电波段，各种各样的光线都包含在一次耀斑爆发之中。爆发源于一个相对集中的区域，围绕着这个点耀斑沿着半球形起爆开来，不同波段的光各自以光速向四周扩散开来，最早的先头部队在大约 8 分钟后到达地球，它们可不只是来观光旅游的，尤其是其中能量很高的部分就要按照既定作战计划开始行动了。

这帮先头部队都是天不怕地不怕的“愣头青”，径直向着地球撞了过来，当然了，我们的地球也不会在那儿“傻站着等挨打”，因为我们可是有大气层的！大气层的保护作用请了解一下：在地球周围，无数的气体分子、原子组成了严密的防护网，这些高能射线要直接通过几乎是不可能的，它们会被悉数拦截下来，或是被迫降低速度，等到达地面附近高度时，其对地球的危害就已经减小到可以忽略不计的水平了。

但是，经过一番防御作战之后，地球的大气层自己也有所“损伤”，在距离地面近百千米的高空开始向上，直到上千千米的这个范围内，大气微粒受到太阳光的强烈照射之后处于一种特殊的被电离的状态中，这使得它们由原本的电中性状态变得带电了，因此，这个高度的大气也被称作电离层。电离层的存在对于现代人的生活而言是相当的特殊且有意义的，那就是它可以像镜子反射光线一样去反射无线电信号，而我们日常使用的无线电通信（不同于手机打电话）就是依靠它来进行的，卫星与地面的星地通信也离不开它。

那地球大气到底会在太阳先头部队的攻击下出现哪些“损伤”呢？当高能射线与大气层接触后，这些家伙可不

管也不在乎你是哪种大气结构，迎面就是一通辐射攻击，电离层的大气原本处于电离状态，非常不稳定，再经它这么一番“折腾”，之前还算规则排列均匀分布的电离态微粒全慌了神儿，就像受到惊吓一般，一会儿抱在一起瑟瑟发抖，下一秒又各自散开不知跑到哪儿去了。这样一来就打破了电离层的平静，相应的无线电信号无法正常传输，地球上空的通信就全乱了，还有卫星上下行数据传输以及卫星导航也都失灵了。

“这么好欺负？”太阳一看更得意了，爆发耀斑之余还不忘在肉眼可见的白光波段来几次爆闪，那意思仿佛是在炫耀着他的力量给地球上的人类瞧瞧！

2003 年 10—11 月，太阳分别在 5 天内爆发了多次 X 级以上的强耀斑过程，其中 10 月 28 日北京时间 19 点 06 分爆发的耀斑强度达到 X17.2 级，能排进耀斑强度历史排行榜的前十名，这一下可不得了，太空中的卫星“扑街”了一大堆，有的还算反应快，紧急进入安全模式“休眠保命”，有的硬着头皮坚持工作，却因电路核心器件受损丢失大量数据，还有不少卫星需要人为操作提升轨道高度，以防止其轨道出现异常跳变而坠落。不光是地球附近的人造航天器，就连当时正在探索火星的美国“奥德赛号”探测器也没能幸免，火星辐射环境试验器 MARIE（Mars Radiation Environment Experiment）观测仪直接被打坏了，超过半个

十字闪光
仪器监测到太阳异动！
是！好像朝地球方向来了！
监测人员

你…你们
是谁？
哇！
Hi
嗖！
队
嗖！
我们可是光速
攻击，看到的同时，
我们就到啦！
先头
部队

地球的地面通信中断，全球短波无线电“大沉默”，民航系统通信故障频发，甚至正在伊拉克作战的美英联军部队的军用频道也受到了影响。

正当人们处在手忙脚乱之中还没缓过神来的时候，太阳的第二波攻击又到了。

第 12 章　看不见的炮弹——粒子轰击

与第一批先头部队耀斑同时发动进攻的还有高能粒子，其中不乏质子、电子、中子这些构成微观世界的主要物质，此时的它们摇身一变，成为能够威胁地球的小小炮弹。

这些小小炮弹的特点很突出，体积小，质子半径差不多只有原子的几万分之一，质量也很轻，比如电子的质量只达到质子的千分之一左右，即便是其中最重的中子也仅仅是比质子稍微重一点点而已，它们哪儿来的如此之大的能量去攻击地球？那就是很高的速度，上一节之中太阳先头部队的攻击速度达到了光速，这些粒子可没有快如闪电的本领，但也不慢，基本上以光速的十分之一在飞行，我们可以简单计算一下每个小微粒所具有的动能，用它们各自的质量乘以其所具有的速度的平方，结果就是，这些毫不起眼的小小微粒平均能量相当于激光以 1000 瓦的功率做功 1 飞秒（1 飞秒 =10^{-15} 秒），是不是有点“天下武功唯快

不破”的味道了！

这些高速飞行的高能粒子到达地球后，首先会影响大气层外部的卫星。卫星出于结构和防护的需求，其外部都有金属舱板或蒙皮，对付一般的粒子足够安全，但是遇到速度奇快的攻击时就力不从心了，高能粒子可以直接穿透这层防护轰击卫星内部核心器件，甚至将整个卫星来个对穿之后还有能量继续前进。

这第二波攻击的主要目标是大气层，其中速度最高能量最强的部分会和地球上的气体发生直接撞击，碰撞过程有点儿像大家玩儿过的弹球，手掌中握着一个光溜溜的玻璃球，用大拇指将其向着另一个玻璃球用力弹出，当它们相撞时完全是“硬碰硬”，这在物理上被称作是完全非弹性碰撞，没有一点儿缓冲和商量的余地，结果就是总能量高的弹飞能量低的，一旦成功击中目标球你就可以拥有它，小伙伴们都是全神贯注地集所有的力量于一球，屏气凝神地击出手中的小球。

相比之下，地球大气层里的“战况”可是更加激烈。不过，兵力方面的优势明显是在地球这一边，气体分子与原子数量众多，而且还源源不断地从四面八方得到补充；太阳高能粒子呢，数量有限，虽然一开始很“生猛”，但是撞一会儿就没有力气了，速度越来越慢，失去能量的它们也就“老老实实”缴械投降了。

大气层就是这样保护地球生命不受来自太空高能粒子轰击，这是一场“无声的战斗”，身处地面的我们是绝对安全的，只不过在高空之中大气最为稠密的区域内，也是“战斗”最为惨烈的地方，而它刚好是飞机飞得最多、飞得最稳的对流层顶、平流层底部，当飞机穿过这一高度的大气层时，高能粒子会对飞机和乘员造成辐射，除了直接的碰撞还会产生很多“碰撞碎片”，也就是碰撞所产生的次级微粒，它们也具有很强的穿透能力，造成的辐射威胁同样不能小看。通过近些年的测量与实验，人们逐渐认识到这种因宇宙和太阳的辐射而产生的威胁，我们称其为“航空辐射”。

还是 2003 年年底的那场太阳大爆发，人类当时最先进的空间天气监测卫星美国的 SOHO（Solar and Heliospheric Observatory）几乎被高能粒子打得“睁不开眼”，用来给太阳日冕拍照的日冕仪差点“被亮瞎”，拍到的太阳图像上面布满了雪花一样的噪点，严重影响成像质量，连太阳当时的样子都几乎看不清楚。另一枚监测太阳的 ACE（Advance Composition Explorer）卫星也没好到哪去，它携带的专门观测粒子的仪器因粒子浓度饱和而失常了，什么意思呢？有点类似监测大气污染物的仪器遇到了高浓度的污染物而“爆表”。如果卫星有思想，我估计她当时的心情一定非常无奈且困惑，就像是给家用汽车测速的仪器

你过来呀!
我是不会漏掉
任何一个从我身边飞过的粒子的!

太阳风暴
爆发
呃!!

遇到了全速冲刺的 F1 赛车，面对贴地飞行一般的速度却只能显示“000”的示数，测速仪不禁发出了“我是谁？我在哪儿？我到底在干啥？”的人生三问。

第 13 章　排山倒海——太阳的“总攻”

作战前的侦查和小规模战役结束了，按照太阳自己写的“剧本”，下面就该到“总攻”的时候了。

太阳你还有剧本？

对于太阳来说，这充其量就是一次规模较大的日常演出，但对地球来说接下来才是“紧张时刻”。

耀斑爆发虽然释放了一部分太阳能量，不过还远远不够，刚刚打破磁场束缚和各方角力平衡的太阳物质急匆匆地都想要冲出来，就是我们前面介绍的那些处于超高温下的太阳等离子体——一大锅里咕嘟咕嘟冒着泡泡翻滚着的热粥，最后，一股脑地喷涌而出，这就是太阳爆发的日冕物质抛射。

它们喷出来的速度和耀斑以及高能粒子相比就慢太多了，速度只有每秒数百千米左右，最快也只能达到 3000 千米 / 秒左右的水平，与 30 万千米 / 秒的光速相比着实慢了很多，但是别忘了，人家数量多质量大啊！大到多少呢？

科学家根据探测到的数据反推估算，一次日冕物质抛射过程中，太阳向外释放的物质能够达到上亿吨甚至是数百亿吨，这对于每个地球人来说都是个巨大的数量级，更可怕的是，如此数量的太阳等离子体又是在相当短的时间内（一次释放大约持续数十分钟到数小时）一同向外飞出，再考虑到它们每秒数百千米的速度，那就是太阳向外发出的一枚巨大无比的超重型“炮弹”。

只不过这枚炮弹不是以一个“弹丸”的形式来攻击某一个目标的，当日冕物质抛射爆发之后，以爆发的这个区域为中心，喷射而出的物质会沿着一个螺旋形如倒扣的碗的立体空间向外扩散开来，如同霰弹枪的弹道一样，日冕物质在太空中飞得越远散得越开，所影响的球面就越来越大。

更厉害的是，这些“霰弹子弹”的弹道还会发生弯折，以往我们曾在影视作品中看到过这样的场景：在开枪的同时子弹底火被点燃的一瞬间，主角以某种神奇的姿势扭动枪身，子弹就会划出一道华丽的曲线，自己拐了弯儿，绕过前方的障碍物准确地命中躲在墙角另一侧的敌人。现在太阳直接上演“真人版”的子弹拐弯，只不过与人类主角相比，他的动作很自然甚至让人难以察觉到，通过日常的自转就让无数日冕物质拐了弯，沿着一条被称为阿基米德螺旋线的“轨道”在宇宙中飞行。

当这些多得数不清的太阳物质到达地球后，地球向阳面的磁层就会被向内挤压，甚至出现部分的“断裂与弯折”，

在日冕物质的重击下“逃向”背对太阳的一侧，此时地磁场监测仪器反映出来的就是数值的大幅跳跃以及磁场方向的变化，这就是地球物理和空间天气学中常说的地磁暴，不同于“爆炸”的“火爆”，地磁暴的“暴”字没有“火”，它所表达的含义是地磁场在短时间内的剧烈变化与数值的增减。

说得这么厉害，怎么我从来没遇到过地磁暴呢？其实不是我们没遇到，而是我国的磁纬度和非常厉害的基础建设帮我们抵挡过去了。

真要说起来剧烈的地磁暴是非常可怕、毫不留情的，连商量都不商量，直接“掐断”你家的Wi-Fi让你无法上网，“关停”你的夏日“生命线”——空调，甚至是“偷吃”你舍不得吃的冰淇淋，更糟糕的是让价值不菲的信鸽迷路丢失。

是不是一下子讨厌起太阳这家伙来了？关网断电就算了，最不能忍的是心爱的甜点雪糕被吃掉，既然如此，那我们可要提高警惕，先来好好学习下太阳是如何“作案”的。

太阳每次都是悄悄发起攻击，远远地发射日冕物质来影响地球磁场并制造地磁暴，地磁暴一旦发生往往就是全球性的，磁场的强度会出现千分之几高斯的波动，极端情况甚至超过百分之一高斯，这对自身磁场强度不高的地球来说，已经是极大的波动了，方向也变得不稳定，此时我

Step 1:
制造地磁暴，
让地球大范围停电，
Step 2:
夺取地球，顺便
拿走冰淇淋！
总攻目标
记住了吗？
重复一遍！
全力进攻地球！
让他们停电！
制造地磁风暴！
顺，顺便
吃一些冰淇淋！

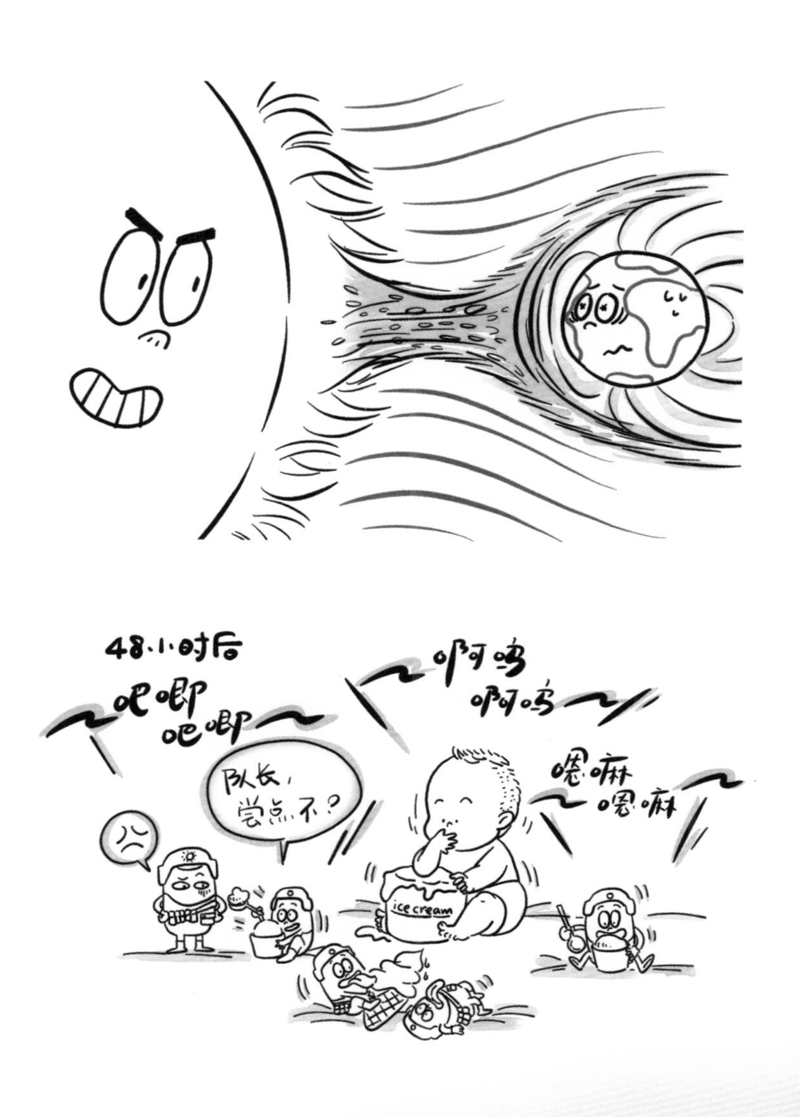
48小时后
吧唧吧唧
啊呜啊呜
队长，尝点不？
嗯嘛嗯嘛
ice cream

们人类还没有察觉到异常，但是依靠磁场导航的动物就会觉得“迷路”了，一群飞行的信鸽感到迷惑不解，“原本飞过这座山就到家了，现在地磁导航告诉我要再往前飞 50 千米，拐过两道山梁才是目的地。”信鸽越飞越找不到归巢地，最终在错误地磁信息的指引下降落到了错误的地点。而对于绵延数千千米的特高压输电线网、石油和供水管道，以及高铁铁轨这些距离长、跨度大、存在金属结构的重要基础设施而言，变化的磁场那就是一把“钢刀”。物理学家法拉第在 1831 年发现了“切割磁力线能产生电流”的电磁感应，虽然地磁暴发生时这些远距离管网并没有动，但是被太阳挤压不断变化的磁场自己动起来了，就相当于一根根数千千米长的金属线在磁场中往返做着“切割磁力线”运动，所产生的感应电流是非常强的，这些额外的用电负荷能“击垮”地球的输电线路，腐蚀石油管道，威胁铁路安全，而这些行为将会造成严重的不良后果，给整个社会制造不稳定因素，因停电被迫停产停工造成巨大的经济损失，而重建与恢复过程中的经济投入还要几倍于此，在时间周期上也需要长达数年甚至更久。

对于大家来说，空调、Wi-Fi、冰淇淋这三样在生活中那是缺一不可的呀，何况太阳一下子要全都拿走呢！耀斑、高速粒子轰击和日冕物质抛射是太阳攻击地球的“三板斧”，一般我们讨论的都是其对地球周围的空间环境所产生的不

良影响，实际上太阳的攻击范围涵盖整个太阳系，包括地球以外的其他行星，都或多或少地被太阳风暴攻击过，比如火星的大气被太阳风不断“剥离”，以至于其密度不到地球的百分之一，并仍在不断减弱，而在木星等存在大气的行星上多次观测到因太阳风暴而产生的大范围发光现象，这些外星极光都是被“袭击”后留下的“证据”。

第 14 章　极光——地球被袭击的无声证词

就在全球都因为太阳风暴而陷入一片慌乱时，却有着这样一群人，他们不光不紧张，反而兴奋不已，有条不紊地收拾好行装向外走，而且几乎人手一台甚至多台摄影设备，他们都是去“追”太阳风暴在地球上空点燃的“烟花”——极光。

在太阳向外发射的光波、高能微粒、带电粒子等一众物质中，带电粒子具有一个特性，那就是受磁场的控制，它们会在地球磁场的引导下向着南北磁极方向发生偏转，通俗地讲就是在飞行途中拐弯儿了。这一过程的本质是带电粒子在磁场中受洛伦兹力而改变运动方向，偏转之后的带电粒子沿着地球磁场的方向继续飞行，直到进入地球磁场的南、北磁极上空，这里是地球磁力线最为集中的地方，于是，精彩的演出开始了。

这些带电粒子本身具有较高的动能，当它们的高度下降至距离地面约 250 千米的时候，大气密度越来越高，无数“严阵以待”的气体分子、原子面对带电粒子的“来袭”毫无惧色，两者不可避免的发生了碰撞。

只见带电粒子双手抱头，吸气收腹，蜷起身体，做了个碰撞前的自我保护动作，大气微粒则是无动于衷，脸上写满了“毫不在乎”，在它们碰撞的那一刻，两颗微粒弹跳着飞向各自的方向，仿佛还有些细小的碎片飞出，神奇的是还发出了一道闪光。让我们来把画面放慢几十倍，看一看到底发生了什么!

原来，在两颗微粒接触前的一瞬，带电粒子改变了姿势，原本抱着头部的一只手臂张了开来，手中握着一团散发着神秘光芒的能量球，另一边的大气微粒也一改若无其事的样子，突然张大了嘴巴，瞬间将这个能量球一口吞下。好你个贪吃鬼，只见大气微粒在吞下这颗能量球之后，整个身子都大了一圈，浑身的肌肉紧绷，就连血管都高高隆起，莫非这是要变身不成?

大气微粒正在因为接收了来自太阳高能电子的“不义之财”而兴奋不已，还没来得及炫耀它的力量，就在这时候，一股剧烈的腹痛感传来，不好！要吐，说时迟那时快，能量球释放着耀眼的光芒又飞了出来，大气微粒又变回了原来的样子。

这下终于看清楚了，原来是气体原子核的核外电子接收了带电粒子碰撞时传来的能量，一下子被激发到了更高的能级上，这一过程被称作能级跃迁，但由于这种能量极为不稳定，转眼间跃迁的电子又回落到之前的基态位置，伴随着能量释放过程，产生了发光现象。

有趣的是，不同种类的大气微粒会吸收不同的能量团，而它们“吐”出来的极光颜色也各不相同。这是因为，决定发光颜色的是光波频率，光波的频率是由相邻能级之间的能量差决定的，而每种元素发生核外电子能级跃迁的能量差是特定的，即不同颜色的极光对应不同大气微粒。比如在 250 ～ 220 千米高度上的氧原子会产生红色的光芒，而在距离地面 150 ～ 120 千米的高度上相对集中的氮气原子以制造绿色极光而著称。进入大气的带电粒子能量越高，所能到达的大气层高度也就越低，如果它们继续深入到距离地面约 100 千米甚至更低的位置区域时，则会激发氮气分子从而制造出紫色的光芒。所以，通过极光的颜色人们也能粗略判断出太阳攻击波的强劲程度呢！

极光作为地球上唯一能用肉眼观看的太阳风暴影响地球的“证据”，长久以来甚至已经成为太阳系星球之间的一种默契了，正因为两位宇宙级主演——太阳和地球的倾力演出，才能够为我们呈现一场极致绚丽而灵动的表演，一条条融合了绿色、粉色、白色的明亮彩带在夜空之中不

太阳粒子
地球大气分子
跃迁的力量

别…别碰我，
我想吐！
感觉怎么样？
吃太多了
跃迁的能量
……我的！！！
呕
呕…
我舍不得吐…呕…
呕

断舞动，有时静谧，有时狂暴，堪称地球天象中的顶级盛宴。

一般而言，太阳风暴来袭的时候往往伴随着极光，但是反之则不一定，不只是在太阳风暴后才有极光上演，因为太阳还有一个日常极光的潜在触发器——日球电流片，这是一种因太阳强大磁场而在整个太阳系空间广泛存在着的特殊结构，如果我们人为地把它描画出来，会发现它的结构就像是芭蕾舞演员的舞裙，以太阳为中心，日球电流片沿着太阳的赤道向外延伸数十亿千米，地球自然也在它的包围之内，当这些由太阳磁场组成的裙摆随着太阳的转动扫过地球时，就有可能产生日常的极光了，不过与太阳风暴之后才出现的超级极光相比，往往在观感上要差不少，甚至弱到肉眼看不见。

随着我们对太阳系老大哥认识的不断加深，我们对他的态度可能也要重新“摆正”一下了。毕竟他可是有能力用“超级耀斑”一下子让人类退回石器时代的，按照目前的科技发展趋势来看，人类社会越发达，科技水平越高，极端空间天气事件造成的危害就越大，我们就越要熟悉太阳，越要预防他在未来的某个时刻对我们发动真正的攻击。

第四部分

你好！太阳！

自从 1612 年伽利略首次通过望远镜观测太阳以来，人类便对太阳开展连续的、系统的观测，至今从未中断过，每一次太阳观测仪器和观测方法的革新往往都是对天文学、空间科学、粒子物理学、等离子体物理学、地球科学等学科的一次推动。

1814 年，德国物理学家夫琅和费（Joseph von Fraunhofer）发现太阳吸收光谱。所谓太阳吸收光谱是指：物质的原子核外面围绕着电子，这种固有的细微结构决定了一种重要特性，当一个光子所携带的能量刚好满足电子向更高的能级跃迁时，这个光子就会被其吸收，进而在光谱上留下痕迹。太阳发出的光几乎包括了所有波长的光波，在它们刚刚离开太阳表面经过太阳大气时，它们中的一部分就被吸收并留在了那里。1814 年，夫琅禾费在太阳连续的光谱谱线中找到了 576 个“断点”，它们就是被吸收掉的光波波段，更关键的是，这些“断点”在留下光波能量的同时，也向我们展示了太阳大气的化学成分、温度、压力、运动特性等重要信息。

1908 年，海尔利用光谱学中的塞曼效应发现了太阳黑子存在磁场，塞曼效应是一种说来有些神奇的磁光效应，被荷兰物理学家塞曼（Pieter Zeeman）在 1896 年发现。当光源遇到一个足够强的磁场中时，由此发出的光就会出现变化，原本单独的一条光谱谱线会发生分裂，变成多条谱线，

这说明磁场的作用力使光发生了变化。海尔在观测太阳黑子的过程中，发现太阳光在黑子附近所发出的光谱存在多条偏振态的光谱，他根据磁场作用于光的塞曼效应，推断太阳黑子本身存在较强的磁场，并通过谱线的偏振和分离的裂距计算出黑子的磁场强度（1000 ～ 4000 高斯）及其具体方向。

1940 年，德国学者格罗特里安（Walter Grotrian）发现了太阳日冕的温度可能比光球层要高得多得多。当时，人们认为太阳大气最外层的日冕温度应该和光球层的 5500℃接近，但是，早在 1869 年 8 月的一次日全食过程中，人们发现日冕中一条波长为 5303 埃的绿线发射线，它非常明亮，很快吸引了科学家的注意，但没人知道那是什么。有人猜测它源自一种未知的元素，1887 年甚至因其来源而被命名为冕元素。1939—1940 年，格罗特里安经过计算后发现，这条谱线和 13 次电离的铁离子谱线高度重合，几乎是与此同时，瑞典学者埃德雷恩（Bengt Edléd）也得出了相同的结论。看似是解答了之前的谜题，但实际上却制造了更大的“麻烦”，因为如此高价的金属离子只会出现在极高温的环境之中，光球层区区数千摄氏度的温度远远不够，而这条明亮的绿色谱线又不停地提示着人们它在日冕层的存在，于是，科学家只得“暂时”接受日冕的温度高达百万摄氏度的结论，并付出不懈的努力去寻找答案。

接下来人类就“迫不及待”地要到太空去探测太阳了。

1959 年，苏联“Luna 号”飞船首次发现了太阳风，这是一种持续存在于太阳系绝大部分空间的带电粒子流，太阳每时每刻都在以每秒数百千米的速度向外发出这样的物质流。虽然也被叫作“风”，但是与地球大气内部因气体运动而形成的风相比，太阳风不仅在构成上完全不同，而且极为稀薄，通过测量人们发现，在地球附近的太空中平均每立方厘米只有几个到几十个太阳风粒子，而地球大气中的风呢，一枚糖块对应的体积内就有超过 2000 亿亿个分子存在。

1971 年，美国“OSO-7 号”轨道太阳天文台发射，它所携带的空间日冕仪使其具备连续长时间观测太阳日冕活动的能力，实际上，早在 1930 年法国天文学家贝尔纳·李奥（Bernard Ferdinand Lyot）就发明了日冕观测仪，它通过遮光盘和特殊的光学结构，像日食期间的月亮一样神奇，能将太阳原本的强光遮挡在视野之外，从而让天文学家人为制造出日全食发生时的观测条件，随时随地观测日冕。但是，由于地球大气和光学材料本身的性能限制，当时在地面获取的日冕观测资料质量不高，所以，人们就想到了将日冕仪放到卫星上，脱离大气影响到太空环境中去观测太阳。“OSO-7”卫星从 1971 年 9 月到 1974 年 8 月期间，

通过空间日冕仪的连续观测，成功获取了前所未有的高清晰度太阳活动影像，人类首次看到太阳风暴爆发时的日冕物质抛射过程。

在随后的太阳探测中，科学家展开了对日冕加热机制以及太阳风起源的研究，太阳到底是如何加热外层大气，使其具有高于光球、色球层温度百余倍的超高温，这些研究帮助科学界推进了对恒星超高能源是如何产生的、恒星的结构以及演化过程等重要研究方向的发展。

随着人类太空活动频率的大幅增加，深空探测需求的不断提高，对太阳活动观测要素的时间与空间分辨率不足的问题暴露无遗，通俗地讲就是现有太阳观测能力和需求之间存在缺口，获取的太阳影像清晰度不够，得到一张观测图所花费的时间也太长。在地面上对太阳进行观测会受到地理位置、地面天气、大气视宁度等多重因素的影响，即便是全球各国联手在多地建造最好的地面望远镜，组网接力工作，也无法保证 24 小时不间断地观测太阳活动，而对于太阳风密度、速度、辐射强度、磁场情况等这些对航天任务非常关键的信息，更需要通过多信使、全波段、全时域、高分辨、多尺度、多视角、高精度的探测来获取，于是，人类开始寻求更好的观测太阳的解决方案。

第 15 章　悬浮在宇宙中的哨兵——观测太阳的探测器们

第一颗堪称以开创性的方法观测太阳的“监视器”是 SOHO 探测器，它的全称是 Solar and Heliospheric Observatory，直译过来就是太阳和日球层天文台，是美国在 1995 年发射升空的专门观测太阳的探测器，而它的最大创意就是被定点在地球和太阳之间的拉格朗日 L1 点上，这是一场堪称古典数学之美与现代科学工程之技完美结合的穿越之旅。

拉格朗日点是什么呢？ 350 多年前的 1667 年，瑞士数学家欧拉（Leonhard Euler）根据旋转的二体引力场推算出三个特解，分别用 L1、L2、L3 来表示，5 年后的 1672 年，法国数学家拉格朗日（Joseph-Louis Lagrange）又求解出其余两个特解，至此，天体力学领域的拉格朗日点正式进入人们的视野，只不过当时的人们并不知道，在三百多年后的太空时代，数学家曾经的计算结果会被现代人类以这种方式实现。

简单来说，在太阳和地球这样的一个围绕另一个环绕运行的天体间有五个特殊的位置区域，如果在这里放入一个质量相比前两者小很多的物体，可以使其受力平衡地悬停在两者周围。

这意味着如果我们把飞行器运送到拉格朗日点上去，就可以实现长时间的相对地球和太阳都“静止”的悬停。这在人类航天活动中的意义可不一般，目前具备空间天气监测能力的国家中，美国可谓是一枝独秀，除了负责空间环境监测的卫星数量多、开展相关研究的时间早、成果积累多等原因外，很关键的一点是美国在日地拉格朗日 L1 点上长期驻扎着空间环境监测探测器。前面提到的 SOHO 就是第一个到达这里并长期开展太阳和太阳风观测工作的探测器，它的发射重量为 1850 千克，除去用于入轨定点和维持轨道的燃料外有效载荷达到610 千克，计划工作时间3 年，实际服役已超过 25 年，堪称太阳探测器中的“老寿星”了，除了这颗卫星的质量真是好以外，更为关键的是日地 L1 点是一个相对静止的区域，在这里悬停可以借助太阳和地球之间的引力平衡，探测器每 6 个月绕 L1 点旋转一周，只需要花费相对很少的燃料就能维持轨道的稳定，所以它的任务期才得以极大地延长下去。

问题来了！这样的“拉格朗日点”既然这么厉害，而且一共有五个之多，那干脆咱们也发射卫星，把其他四个点的位置都占上，这不就能在太阳监测上占得先机，扭转劣势了嘛！

别急！咱们先来看看这五个点都在哪！

当年数学家欧拉算出的前三个点就是处在日地连线上的 L1、L2、L3 了，其中，处在太阳和地球之间的距离地球 150 万千米的就是刚刚提到的 L1 点，除此之外，L2 点位于太阳和地球连线的延长线上，与 L1 点的位置相比，刚好是在地球的背面，L3 点则要遥远一些了，在正对地球的太阳的另一侧，距离我们超过 3 亿千米。而另外两个显得位置有些“怪异”的 L4 和 L5 就是后来拉格朗日计算出来的，与前面 3 个点相比，L4 和 L5 更接近真正意义上的点，下面就来快速认识一下它们。

L1 点：空间监测 C 位，太阳地球两头看

迄今为止，到达 L1 点的太阳探测器以 1995 年上去的 SOHO、1997 年发射的 ACE 以及 2016 年服役的 DSCOVR

（Deep Space Climate Observatory）三颗最著名，厉害的是这三颗探测器现在正同时工作中（SOHO、ACE 已经退役但仍在工作），与其他所有探测器相比，SOHO 和 ACE 都服役了二十多年，足见 L1 点优秀的悬停条件对燃料的节省。另外，L1 点的位置也是得天独厚的，全太阳系“仅此一家再无别处”，发射到这里的探测器，往前一抬头就能看到太阳，太阳风、耀斑、日冕物质抛射所产生的高能物质、粒子流、冲击波全部要从它这里经过，掉转方向回头看呢，刚好正对着地球，L1 点距离地球 150 万千米，刚好是一个“缓冲区域”，这些可能威胁地球空间环境的物质在到达前还要飞一会儿，尽管速度很快，但是也为空间天气预报预警赢得了宝贵的时间。历史上曾经发生过多次高能粒子流轰击近地空间的事件，有了及时的预警，正在执行出舱任务的宇航员才得以进入安全舱避险。

说完了国外的探测器，再看国内的。就在 2021 年的 3 月 15 日，咱们的“嫦娥五号”轨道器成功被日地 L1 点所捕获，在整体姿态稳定、能源平衡、工况正常等飞控信息得到确认之后，“嫦娥五号”轨道器成为我国第一个到达这一空间区域的航天器。早在 88 天之前的 2020 年 12 月 17 日，“嫦娥五号”轨道器与返回器分离开来，独自踏上了新的征程，并在返回器携带月壤样本回到地球之后经过两次轨道机动和中途修正，终于完成了属于中国航天的突破。我们不妨试想一下，“嫦娥五号”轨道器在日地 L1 点附近停留期间将获取大量轨道关键参数，这对未来我国发射专门的太阳探测器进驻该点打下重要的基础。

L2 点：地球背面的极寒之地，望远镜的向往之所

很多天文爱好者都梦想着能避开城市的光污染，在渺无人烟的地方修建一个属于自己的观测基地，能够不受任何干扰地去看星星、拍星星。其实，对于天文科研尤其是在红外波段开展的研究工作而言，地球本身是一个巨大的红外干扰源，再加上遍布地球的人造设备，即便再安静的区域也存在着数量可观的无线电信号干扰，所以，科学家在选址这件事上动起了太空的脑筋。日地 L2 点就是一个理想位置，在目前人类能够达到的拉格朗日点中，它是最为安静的一个，“躲”在地球的背后，距离地球 150 万千米，解决了地球反照太阳辐射和人类活动这两个巨大干扰源的影响。望远镜到达日地 L2 点后，能同时满足超低热辐射、超低电磁辐射、超低磁场影响这些深空探测必须满足的苛刻条件。

现在，美国的威尔金森微波各向异性探测器（Wilkinson Microwave Anisotropy Probe，WMAP）正在 L2 点上观测宇宙微波背景辐射。而人类到目前为止制造的最大口径空间望远镜詹姆斯·韦伯（JWST：James Webb Space Telescope）望远镜已经于 2021 年 12 月 25 日发射升空，这部花费超过

100 亿美元，自重 6.5 吨，镜体口径达 6.5 米，遮光板展开面积超过一个标准网球场，由此将望远镜的工作温度降低至绝对零度，附近观察能力是哈勃望远镜十倍的空间望远镜，正在红外波段探索 138 亿年前古老宇宙的模样。

对于中国航天来说，日地 L2 点同样不陌生，早在 2011 年 8 月 25 日，我国的月球探测器“嫦娥二号”就已经到达过这里，而且是在完成绕月探测、降轨机动、协同验证等关键任务之后，“顺道”从月球轨道上拐到 L2 点去的，这在全世界都是头一份。到达月球背后的这个动态平衡点之后，“嫦娥二号”开始对地球背阳面磁尾、高能粒子、太阳风等空间天气要素进行探测，获取的数据对我国空间天气预报预警、天文学研究意义重大。

L3 点：从未到达也不想去！除非你跟我有仇

迄今为止，没有任何航天计划或是探测器轨道中出现过日地 L3 点这个地方，科幻小说里倒是不止一次提到它。当然了，除非你是地球人不共戴天的敌人，非消灭不可的那种，甚至连一丁点儿和谈机会都没有的“人”，跑到这个距离地球直线距离超过 3 亿千米，刚好躲在太阳这个天然掩护的后面，让一切想掠过太阳去找你的人都忌惮于路途中极高的温度、恶劣的辐射环境以及随时可能失去通信联系的风险，这样特殊的日地 L3 点倒真是一个相当安全并且隐秘的位置，“最危险的地方往往就是最安全的所在”，这里完全被太阳和他强大的光芒所掩盖。

L4、L5 点：真的一点“点”

我们习惯上称 L1、L2、L3 是三个平衡点，但实际上它们是三个区域范围，比如 L1 点，探测器到达这里之后为了维持来自各方面的受力平衡，还是需要不定期消耗燃料做出动态调整，并沿着一条特殊的名为 HALO 的轨道运动。在如此宏观大尺度上做出精细的位置以及姿态的变化，就像是杂技“晃板”中正在表演的演员，站在一块直板上，板子下面垫着一个甚至是多个滚筒，随着滚筒的滚动，演员要张开双臂一刻不停地改变身体的重心，以此来维持脚下板子和滚筒的整体平衡，在一次次“濒临”摔倒的情况下恢复平衡，趣味十足也惊险万分。

L4 和 L5 则不同，这两个点是处在太阳、地球以及其本身所构成的等边三角形上，如果因某一天体的位置变化而出现受力不均，处在平衡点上的物体会相应地发生位置调整，但随着天体位置的恢复，它还能再回到平衡点上来，有点像是单摆的摆动一般，与其他三个区域相比，L4、L5 这两个受力平衡的区域更像是个点。

除了在太空中“按图钉”式的定点观测外，科学家还派出了观测太阳的“双胞胎”——孪生太阳探测器“STEREO A/B”。

它们是两枚几乎相同的太阳探测器，被称为“日地关系天文台”（Solar Terrestrial Relations Observatory），2006年发射进入太空，科学家巧妙地将它们分为A星和B星，两枚探测器互成180° 夹角绕着太阳旋转，其中A星在地球轨道位置的前方，另一颗在地球的后方，前面一颗赶在地球前面可以看到太阳“未来”的样子，后面一颗殿后持续监测不放松，这样一来，就可以对太阳的活动进行“立体”观测了。

以往观测太阳都只能获取观测面的数据，也就是能看到太阳正对地球这个球面一侧的样子，另一半什么情况则不知道，有了STEREO A/B探测器，一次日冕物质抛射过程一前一后两个视角同时拍摄观测，许多相当震撼的太阳风暴影像都是由它们两个获取的。

…
没有地球大气，
这太阳直晒，
真有点受不了，
你热不热？

真了不起呀！
不愧是
老前辈！
防暑专用
降温桶

第 16 章　带你到太阳上去看一看——“帕克号”太阳探测器

北京时间 2018 年 8 月 12 日下午 3 时 31 分，NASA 使用“德尔塔 IV 型”重型火箭将人类首枚真正意义上“触摸”太阳的探测器“帕克号”（Parker Solar Probe）成功发射。这个当时人类最强火箭和太阳系最快探测器的组合，只为了一个目标，那就是完成 NASA 最初的梦想之一——触摸太阳，不过，发射成功只是整个太阳探测 7 年之旅的第一步。

我们来快速回顾“帕克号”发射时的场景，点火后，“德尔塔 IV 型”火箭外挂的三台助推器马力全开，中央助推器则采取节省燃料的“蓄力”模式。发射后 90 秒，火箭的飞行速度突破音速。起飞 2 分 45 秒后，火箭的重量刚好是起飞时的一半。

起飞时间来到 10 分 45 秒时，出于节省燃料的目的二级发动机关机，火箭开始了共计约 13 分钟的太空滑行，等待一个进入奔向太阳轨道的二次点火时机。

起飞后 20 分钟左右，“德尔塔 IV 型”火箭的 RL10B-2 发动机重新点火启动，随后持续工作了约 14 分钟，此时的“帕克号”已在火箭的推动下将速度提升至接近第二宇宙速度，它即将具备摆脱地球的引力束缚飞向太阳系

深处的能力。

起飞时间39分钟，火箭末级发动机Star 48BV点火，“帕克号”探测器被加速到超过第二宇宙速度，正式开启它的7年绕日飞行之旅。

如果成功完成“触摸太阳”的任务，“帕克号”将一举获得太阳系最快探测器、最耐高温与最高温差探测器以及最靠近太阳探测器这三项人类航天器新成就。

不过要完成这一任务难度非常大，从它起飞开始，一直到2024年12月19日，“帕克号”将7次借助金星的引力弹弓，21次飞掠近日点，最终在第22次时到达本次任务的预定位置，距离太阳约600万千米的“触摸点”。

600万千米？这个距离对于地球人而言简直远到无法想象，绕地球一周不过是4万千米的路程，600万千米则相当于飞150圈，即便是月球接近远地点时两者之间距离也才40万千米左右，600万千米是它的整整15倍，距离太阳这么远也能算是“触摸”吗？实际上因为太阳巨大的体积和超高温，这个距离已经算是无比贴近他了。有人曾举过一个很形象的例子，把太阳看作是太阳系中心的一团篝火，如果说地球的位置相当于围坐在篝火旁，隔着几米的距离舒适地烤着火的话，那么“帕克号”到达的位置就是贴近到篝火旁4厘米的地方。

前面我们提到，早在 NASA 成立之初，去探测太阳就是其三大目标之一，另外两个分别是发射人造卫星和载人登月，都在成立后不久就先后完成了，只有去太阳这一难题一直困扰着航天专家们。距离远倒真的不是问题，难倒大家的是人类航天器无法应对这里极为严苛的环境，当近距离直面太阳的照射时，航天器的温度将超过 1400℃，而背向太阳的一面又是临近 –200℃的极低温，一正一反超过 1600℃的温差，使得太阳探测器的设计变得尤为困难，解决了温度搞不定体积，装下了重要的载荷仪器，环境维持设备又没了地方，最终，借助科学家、航天工程专家数十年的努力和技术积累，通过厚度达到 11.43 厘米的隔热碳板与内部恒温系统才解决了高温和温差的难题。

“帕克号”肩负着两大核心任务。第一，真正意义地进入太阳大气，去实地获取一手的监测资料，试着解开日冕与太阳表面巨大温差背后的秘密。第二，到太阳大气里面去寻找太阳风的起源，如同一阵永不停止的飓风，整个太阳系的每个角落都无时无刻不在吹拂着一种名叫“太阳风”的物质，我们地球也在它的笼罩之中，它的成因同样一直困扰着科学家们。

“帕克号”，这个人类首次以在世者的名字命名的航天器，一艘注定被载入史册的伟大飞船，敢为不可为，为人类探索太阳系核心的未知，它正在创造历史的路上！

从 2018 年 11 月 1 日起到同年的 11 月 11 日，NASA 的“帕克号”太阳探测器完成了第一次掠日飞行探测。在太阳引力的“牵引”下，“帕克号”就像是坐在旋转飞椅上一般，我仿佛看到了在一片炽热耀眼的光芒之中，一艘坚毅的宇宙飞船划过一道漂亮的弧线从太阳侧面飞掠而过，一眨眼的工夫，耳旁只剩下它留下的充满自信与激动的一声“咿——哈”！

11 月 6 日 11 时 28 分，“帕克号”经过此次掠日飞行的近日点，距离太阳中心约 2480 万千米，速度达到 95 千米 / 秒。此次飞掠穿越了太阳的高层大气，这里的温度高达约 1 000 000℃ ，不过好在太阳大气足够稀薄，只有极少数超高温等离子体在这里，并不会对“帕克号”构成威胁。倒是它的遮阳板迎来了第一次挑战，在承受大量阳光的照射后，它的温度一度超过 440℃。

这是人类的科学设备第一次对太阳大气进行实地考察，近距离测量那里的电场和磁场，拍摄日冕的结构和形态，捕捉太阳大气里的带电粒子。

值得一提的是，就在此次飞掠太阳期间，由于太阳在无线电波段的强烈干扰，“帕克号”一度中断了与地球的联系。直到飞掠完成几周后，绕开太阳直射方向的“帕克号”才将此次记录的科学数据回传给地球。

作为热身，“帕克号”顺利完成了预定 24 次掠日探测的第一次。在这之后，“帕克号”还将 6 次飞掠金星，借助金星的引力逐渐降低绕日轨道的高度，最终在 2024 年抵达距离太阳最近的位置，以高达 192 千米 / 秒的超高速，经受大约 2 小时的严苛考验，实现人类首次真正意义上的“触摸”太阳！

第 17 章　我国的空间太阳观测

前面介绍了这么多的太阳观测卫星和探测器，各个都是绝技在身，可惜没有一个是中国的。

嘿嘿，别急！就在我写这本手册的时候，她们就真的来了，而且是一个接着一个排着队来的！

开我国空间“看太阳”之先的“风云三号”E 星

风云气象卫星，是我国自行研制、发射和运行管理的应用于气象观测的卫星，根据运行轨道高度的不同分为极轨气象卫星和静止气象卫星两个系列，其中以奇数命名的有“风云一号”和“风云三号”两代极轨卫星，而以偶数命名的静止气象卫星则运行在地球同步轨道上，同样有“风云四号”和“风云二号”新老两代；同一代卫星中，用英文字母 A，B，C，D 等对不同时间发射的卫星进行先后排序。

2021年7月5日7时28分，有着“黎明星”之称的“风云三号”E星搭乘长征四号丙运载火箭从酒泉卫星发射中心点火升空，在到达距离地面836千米高度的预定轨道之后，“风云三号”E星打开太阳能板，在阳光的照射之下做着“热身运动”，随时准备开始对太阳的观测。

一颗极轨气象卫星，每101.5分钟绕地球飞行一圈，卫星是如何稳定地对准太阳进行观测的呢?

“风云三号”E星观测太阳妙就妙在她的轨道设计上，太阳光的连续照射再加上地球的自转，会天然地形成一条“一半是白天一半是黑夜”的晨昏线，如果恰好处在这条线上，就能“下看地球的大气云层，上观太阳的一举一动”，我国气象卫星领域的科学家们敏锐地发现了这一优势，在进行详细的理论论证和技术讨论后确认能够实现，于是，就给风云三号系列卫星的“五妹”E星选择了这条世界民用卫星领域之前从未有人尝试的特殊轨道。无论你在哪里，她始终伴随着第一缕晨光飞过你的上空，“黎明星”实至名归!

除了轨道方面的优势，“风云三号”E星上共搭载了11台仪器设备，覆盖了气象和空间环境多种关键要素的探测能力。在它们之中有一个始终“抬头”对着太阳，这就是负责给太阳拍照的X-EUV（X射线－极紫外）空间望远镜。由于地球稠密大气层对X射线和极紫外线的遮挡作用，我们无法通过架设在地面的望远镜看到这一波段的太阳，而太阳的典型活动——耀斑，还有堪称太阳风“高速路”的冕洞结构，都是在这些特殊波段下才能看得见。于是，就有了“风云三号”E 星这次，也是我国首次借助卫星实现的空间太阳观测。同时，这还是国际上首次将 X 射线和极紫外两个波段成像仪器合二为一。

说得这么厉害，给太阳“拍照”的水平如何呢？

在“风云三号”E 星进入轨道后不久，X-EUV 空间望远镜就开始了它的观测，并在第一时间将获取的太阳图像传回地面。在对数据资料进行处理之后，呈现在科研人员眼前的太阳“非常迷人”，深色的冕洞、明亮的黑子活动区、从太阳大气中“跃起”的环状谱斑，种种太阳表层大气的活动清晰可见，随着“风云三号”E 星回传的太阳监测数据越来越多，一幅一幅的图像接连生成，由此呈现出连续的太阳活动视频影像。

在这之前，国际上早在 20 世纪 60 年代就开展了空间太阳观测实验，并在随后的多颗业务卫星上搭载极紫外和 X 射线望远镜，获取了大量科研数据和影像，解开了很多过去不被人们所知的太阳活动之谜。“风云三号”E 星成功的空间太阳观测填补了我国在这一领域的空白，更是一

举“抹平”了和国际上存在的近 30 年的技术代差。

除了给太阳“拍照”的本领，“风云三号”E 星还携带了多角度电离层光度计以及由中高能粒子探测器、磁场探测器、辐射剂量探测器和表面电位探测器构成的“大礼包”——空间环境监测器 -II，不同于空间太阳望远镜，这些仪器虽然不能直接“看到”太阳，但可以全方位获取地球周围因太阳活动影响而不断变化的空间环境参数，进而帮助人们提高空间天气监测预警的能力。

我国首颗专业太阳探测卫星“羲和”号

在“风云三号”E 星发射之后不久，2021 年 10 月 14 日，一颗专门“看太阳”的卫星“太阳 Hα 光谱探测与双超平台科学技术”试验卫星在太原卫星发射中心升空了，根据她的独特本领，大家还给她起了另一个名字“羲和”。

羲和，是中国古代神话故事中掌管日月运转制定天文历法的女神，而“羲和”号的本领就是来“掌握”太阳运行的秘密。作为一颗极轨卫星，轨道高度 517 千米，倾角 98°，可以保证她 24 小时连续对着太阳进行观测，所携带的 Hα 光谱探测器更是“监视”太阳爆发活动的利器，再加上磁悬浮技术加持的超高指向精度和平台稳定度，这颗“羲和”号光看技术指标就很不简单。国际首次太空开展

Hα 波段太阳观测、国际首次空间磁悬浮技术平台、首次太阳爆发源区域高质量数据观测，“羲和”号的目标直指国际一流。

稍等一下：“刚刚是‘风云三号’E 星的 X-EUV 空间望远镜，现在又是‘羲和’号的 Hα 光谱探测器，都是给太阳‘拍照’，那岂不是内容重复，都一样了嘛？！”

都“看”太阳是没错，但看的深度和层次可是大不相同。前者“风云三号”E 星看到的是太阳表层大气日冕的活动，而“羲和”号的 Hα 探测器是穿透日冕层去看下方的色球层和光球层，获取这一区域的温度、密度数据，进而对太阳下层大气的活动开展研究，也许黑子形成、长大、爆发的秘密就藏在其中呢！

值得一提的是，“羲和”号的英文名称是 Chinese Hα Solar Explorer，缩写刚好是 CHASE，对应“追赶”的意思，是不是令你想到了同样出自古代神话故事的“夸父追日”？中国追赶太阳观测的脚步怎能少得了她！别急，“夸父”另有安排，不久之后也会与我们见面的。

太空也来“煮元宵”

“黎明星”和“羲和”号发射之后，2022 年 10 月 9 日，我国自主研制的“先进天基太阳天文台”（ASO-S: Advanced Space-based Solar Observatory）卫星发射升空，

两年里 3 颗具有太阳探测能力的新星上天，有点儿太空“下饺子”的意思，考虑到卫星虽然也是“薄皮儿大馅儿”，不过通常都是六面体或是球体，不如就叫太空“煮元宵”吧。

我们先来认识一下“先进天基太阳天文台”这颗卫星，看名字够干脆的吧！就是要在太空中架设一台专门观测太阳的天文望远镜，为了完成这个目标，科学家们在 ASO-S 卫星上配备了 3 个专门看太阳的仪器，分别是全日面矢量磁像仪、莱曼阿尔法太阳望远镜、太阳硬 X 射线成像仪，请接受这份“不明觉厉”名词三连击，能直接想到这些仪器功能的朋友，要恭喜你们解锁“万中无一”成就。

其实大家结合本手册前面的内容来看这些仪器的功能也能猜出个大半，全日面矢量磁像仪负责看磁场，尤其是太阳光球层的磁场活动及变化情况，摸清磁场是非常关键的，有了它就相当于看到了太阳的“底牌”，没有磁场的驱动太阳的大部分爆发活动几乎无从谈起；莱曼阿尔法太阳望远镜是负责看太阳外层大气日冕活动的，通过在莱曼阿尔法和白光两个波段分别对太阳 1.1 ～ 2.5 倍半径范围内的日冕进行成像观测，进而获取更多有关太阳日冕物质抛射的细节；第三个设备是硬 X 射线成像仪，这是一种对光波长在 0.1 ～ 1.0 埃能量很高的 X 射线波段极为灵敏的仪器，能够将这些高能射线在“底片”上拍摄下来，这个过程类似于相机的曝光拍摄，只是区别于相机底片接收的是可见光波段的光，而这个设备只接收硬 X 射线，目的是更清晰地看到耀斑爆发的能量传输过程。

这样一看就豁然开朗了，3 台仪器看太阳，彼此分工又合作，其中两台分别获取太阳主要爆发活动的数据以及影像信息，剩下的一台则只看磁场和能量的变化，相当于同时获取了太阳表面活动和内在驱动的重要数据，如果把这些数据放到一起进行分析就能产生“1+1>2”的作用。

我国空间科学家希望借助 ASO-S 卫星来寻找有关耀斑和日冕物质抛射的相互关系以及形成规律，发现耀斑爆发和日冕物质抛射与太阳磁场之间的因果关系，研究太阳爆发能量的传输机制及动力学特征，为我国空间天气预报提供支持。

根据计划，ASO-S 选在第 25 太阳活动周的太阳活动上升段发射入轨，在高度约 700 千米的轨道上开展为期 4 年以上的太阳观测，这样一来刚好覆盖了太阳活动处于高年的对应时间段，由此获取大量一手的观测数据，为我国甚至是全世界的太阳活动研究提供强有力的支撑。

除了以上介绍的这些中国太阳空间探测器之外，我国还计划多视角地对太阳开展科学考察，比如在日地拉尔朗日 L5 点停泊探测器，从侧面去看太阳的爆发活动，这还不够，今后还将开展飞掠式的与太阳“零距离接触”探测，进一步解开太阳的种种秘密。

第 18 章　我们还是做朋友吧！好不好？

地球作为一颗太阳系行星的同时，还是一颗孕育了无数生命的神奇之地，我们之所以能够生存在这里，离不开来自太阳的能量馈赠，同时，也少不了地球磁层和大气层的保护。除此外，地球自身是一个相对稳定的大环境，具有适宜生命长期存在的多种条件，它由大气圈、水圈、陆地、冰雪圈和生物圈共同组成，各个组成部分之间在太阳辐射的驱动力下，发生着复杂而连续的物质与能量交换，这就是我们所熟知的全球气候系统。

太阳一直以来都在照顾着我们的世界

早在 20 世纪 70 年代，就有气候科学家提出气候系统的概念，而在此之前，人们关注更多的是气候的 3 个基本要素——气温、降水、地表气压，以及气候形成的三要素——太阳辐射、海陆分布和大气环流，通过获取一个地方连续 30 年的气候三要素，就能描述该地的气候情况。但是随着地球科学领域的发展，三要素和描述气候的方法逐渐跟不上时代了，30 年的气候尺度也不够用了，于是，气候系统应运而生。

在全球气候系统中，最为活跃、变化最大的就是大气圈，

爸爸，为什么
要认识太阳呀？
她离我们
那么远？
太阳……
太阳不完全
使用手册
呃，这是
个好问题！

爸爸，
我飞船要发射啦！
是啊，我们
为什么非要去，
认识地球
以外的
事情呢？
也许宇宙和
生命最初的
秘密就
藏在这里
……
嗖！发射
到宇—宙—！
看我卫星来
探测啦！
不管了，
好奇心是
最棒的
东西！

也就是我们通常所说的大气层，从地面向上一直到上万千米的高空都有大气存在，随着高度的升高大气越来越稀薄，所以我们的卫星和飞船才能在太空高速飞行。从下向上按照显著的物理特性差异将大气层分为对流层、平流层、中间热层和散逸层。

大气的成分构成中，按体积分数计算约为 78% 的氮气、21% 的氧气，这两种气体占据大气成分的绝大部分，剩下还有大约 0.93% 是氩气，以及所占比例更低的二氧化碳、稀有气体和水蒸气。

水圈包含海洋、湖泊、江河、地下水和地表上的一切水，除此之外，大气中的水汽和冰原的固态水也属于水圈，这些形式各异的水形成了一个连续但不规则的圈层。上到大气对流层顶部，下到底层地下水的下限，液、气、固三种不同状态的水通过热量交换相互转化着。

陆地对我们大多数人来说更熟悉一些，在这里有平原、丘陵、山地、高原和盆地五种基本地形，总面积约为 1.489 亿平方千米，占地球表面积的 29%，这些陆地被人为划分为亚欧大陆、非洲大陆、北美洲大陆、南美洲大陆、澳大利亚大陆和南极洲大陆，习惯上我们将面积较大的陆地称为大陆，余下的则被称为岛屿。陆地中的岩石层是气候系统中相对稳定的一个，其变化的时间尺度相比其他圈层要长得多。

冰雪圈是由在陆地之上的大陆冰原、高山冰川、地面雪盖以及海冰等构成的，其变化具有较明显的季节性，比如南半球的海冰覆盖面积最大时间对应着9月份，而同样的事情放到北半球则发生在3月份，除此外，冰雪圈的变化在几大圈层中属于非常显著的，北半球冰雪覆盖面积最大与最小值之间可相差近6倍，而大陆冰原和高山冰川中长期冰冻的部分却可存在数百年甚至数百万年。

全球生物和其所处环境的总和就是生物圈了，这个我们都熟悉，它是整个地球上最大的生态系统，从一万米的高空到海面下一万米的大洋深处，都有生命的存在。与前面四个圈层相比，生物圈非常的特殊，从某种程度上说，生物圈是太阳和地球气候系统共同作用而最终形成的一片宇宙“绿洲”，是整个太阳系目前为止得到确认的唯一生命家园，虽然封闭但在一定程度上具备自我调控的能力。另外，生物圈又是非常敏感、脆弱的，它受气候变化的影响，但一切生物的活动又在影响着地球的气候。

我们的世界就是一个不同圈层彼此联动、传递能量、相互制约的复杂系统，太阳几乎自始至终贯穿于其中每一个环节。有时他是推动者，帮助气候系统向好的方向发展，而有时他又是制约的力量。

太阳和地球之间的能量“交流”

“一只南美洲热带雨林中的蝴蝶翩跹舞动，它那两对美丽的翅膀不经意间的一次扇动，竟会在两周后引发另一片大陆上的一场龙卷风暴”，这个场景描述的是著名的“蝴蝶效应”，通过长期、系统的研究，科学家发现了其中隐藏的秘密。生物圈自身的变化不是封闭的，它通过不断地演变、放大、传输从而实现“破圈”，最终对整个气候系统造成影响，在这一过程中，能量是关键，如同天气预报中用到的卫星云图，通过热能、动能、化学能、势能之间的交换流动，将不同圈层之间的作用过程展现得淋漓尽致。

首先，来自太阳的辐射能量经过大气层的“过滤”到达海平面后，有大约 80% 被海洋吸收，其中一大部分被海水储存起来，在随后的一段时间里，通过长波辐射、蒸发、湍流等方式，海水将之前吸收的能量又输送给大气，这些能量一下子跑到大气里面可闲不住，大气自己也觉得充满了力量，仿佛伴随热身运动而肾上腺素飙升的运动员，忍不住要上场好好运动一番。所以就有了大气对海洋的“反噬”，大气鼓足力气“推动”着海洋形成洋流和翻涌，一条清晰的能量传导线路出现了，从太阳到海洋，海洋再慢慢释放到大气中，最终大气又将这股力量作用在海洋上，进而一同影响全球的气候系统。

对于陆地、冰雪圈和生物圈而言也是如此。举例来说，陆地上的植物从大气和水圈中吸收光能和水的同时又释放出氧气和二氧化碳，作为重要的能源基础为生物圈的其他动物所用，这一过程的不断重复就产生了更多的二氧化碳，进而又影响了大气和水圈。冰雪反射太阳辐射平衡地表热量，海底火山不断涌出的熔岩加热了海水，热量随着海水的流动进一步影响海洋冰川，正是这种复杂而又紧密的能量交换过程，使得地球气候系统处于一个相对平衡的状态，也正是依靠这样平稳的气候系统，才有了地球生命长期繁衍生存的可能。

而从太阳的角度来看，他向宇宙中释放能量的功率非常之高，达到了 3.828×10^{26} 瓦，巨大的能量充满太阳系的每个角落，其中大概只有 20 亿分之一是发送给地球的，怎么这么小气？看起来特别特别少是不是？如果简单计算一下你会发现，太阳每一秒给地球送来的能量高达 1.79×10^{17} 焦，相当于 500 万吨煤一同燃烧所产生的能量。太阳对我们是非常慷慨的，能量给予得不多不少恰到好处。

如果你对以上用来代表太阳能量之大的数字不敏感，那我们来换个例子。给太阳一个人设，他是身价无法计算的大富翁，现在开始他就不再发光，而是发钱了，这个富翁每秒都会花掉很多钱，不过落在地球这里的并不多，只有 17 900 块，尽管如此，这是来自宇宙的馈赠啊！地球上的人类和其他动物很是开心！大家就想尽了各种办法去花这笔钱，结果你猜猜看！大家一起能花多少钱？我们每秒钟只能花掉其中的1块8毛钱，就连零头的零头都没有花掉，几乎全都“浪费”了。

倒不是我们“败家”，这主要是地球会在吸收的同时再向宇宙释放出大部分能量的缘故，另一方面，我们作为地球上最智慧的生命也有一定“责任”，我们目前的生产力水平以及科技树上的“成就”实在是不够高，远不能使用地球这颗行星上的所有资源，这个水平就连卡尔达舍夫指数（Kardashev Scale）中的I型文明都还没用达到。这个指数是苏联天文学家尼古拉·谢苗诺维奇·卡尔达舍夫（Николай Семёнович Кардашёв）在 1964 年提出的，他以星球文明对能量的利用率以及技术先进程度为衡量，将宇宙中可能存在的文明划分为三类，其中能够近乎百分百使用所在行星能源的为 I 型文明，能够使用所在星系恒星全部能量的为Ⅱ型文明，Ⅲ型文明则可以利用整个星系的能量。这个对宇宙文明的人为划分方式因为缺乏数据的支撑，目前还处在假设阶段，毕竟我们还没有能力去探测太阳系外那些可能存在着的更高等级的文明。

结尾

太阳故事大结局

太阳的故事总会迎来他的大结局，在大约45亿年之后他将步入恒星的老年时代——红巨星，那时现在地球所处的位置也将变得不适合生命存在，那么在这之前人类肯定要去寻找自己的未来，目前我们已经有了一些眉目，也提出将我们的“近邻”火星作为太空中转站从而实现人类的深空旅行，最终走向其他星系寻找适宜人类继续生存的星球。

但在这之前，太阳就是我们最好的“师傅”，他给我们留下了无数现代科技难以解答的“谜题”，为什么太阳日冕层的大气温度比处在内层的色球、光球层都要高，而且是“不讲理”地超过后者上百万摄氏度？自从发现这个问题以来已经困扰了空间物理学家数十年之久，不过，这比起发现太阳11年活动周期甚至是太阳终极之问——“这家伙里面到底长啥样”，就显得不那么烧脑了。

是搭乘太空飞船，还是带着我们的地球一同出发，无论我们将以何种方式去寻找未来，太阳都始终是我们绕不开的一个地方，如同他是太阳系、地球以及人类的起点一样，对于一直想攀上科技树的顶峰，去解开宇宙之问，去寻找生命未来的人类来说，太阳又是一个新的起点，关于他的太多未知都需要也都将会被解开。太阳始终都还是当初的那位“师傅”，他就这样看着我们，任由我们这些还“不

懂事”的学生去学习，去发问，去出错，去改正，他所做的依旧是源源不断地给我们提供一切，虽然我们的目的最终是要离开他。

这本关于太阳的手册也许永远都是不完全的，也许以人类的能力永远都不能知晓关于太阳的奥秘，也许当我们取得新的成就到达新的太空高度时回头一望，发现自己还是在太阳边上需要他“照顾”的样子，但是人类，也只有人类会不断向前，永远不会停下探索与求知的脚步。

未来，交由你们来补完！

关于这本手册

我想……

完成它也许还需要

50年，甚至更久

但总有一天

人类会解开有关太阳的

所有疑问